装备科技译著出版基金

核能科学与工程系列译丛

气溶胶过滤

Aerosol Filtration

[法] 多米尼克·托马斯(Dominique Thomas)
奥古斯汀·沙尔韦(Augustin Charvet)
娜塔琳·巴丁-莫尼尔(Nathalie Bardin-Monnier)
让-克利斯朵夫·阿伯特-科林(Jean-Christophe Appert-Collin) 著

谷海峰 周艳民 魏严凇 译

国防工業出版社
·北京·

著作权合同登记 图字:军-2021-025号

图书在版编目(CIP)数据

气溶胶过滤/(法)多米尼克·托马斯
(Dominique Thomas)等著;谷海峰,周艳民,魏严凇译.
—北京:国防工业出版社,2023.7
(核能科学与工程系列译丛)
书名原文:Aerosol Filtration
ISBN 978-7-118-12711-9

Ⅰ.①气… Ⅱ.①多… ②谷… ③周… ④魏… Ⅲ.
①滤气器 Ⅳ.①TU834.8

中国国家版本馆CIP数据核字(2023)第028341号

Aerosol Filtration edition 1
Dominique Thomas, Augustin Charvet, Nathalie Bardin-Monnier, Jean-Christophe Appert-Collin
ISBN:9781785482151

气溶胶过滤(谷海峰 周艳民 魏严凇 译)
ISBN:978-7-118-12711-9

注意

本书涉及领域的知识和实践标准在不断变化。新的研究和经验拓展我们的理解,因此须对研究方法、专业实践或医疗方法作出调整。从业者和研究人员必须始终依靠自身经验和知识来评估和使用本书中提到的所有信息、方法、化合物或本书中描述的实验。在使用这些信息或方法时,他们应注意自身和他人的安全,包括注意他们负有专业责任的当事人的安全。在法律允许的最大范围内,爱思唯尔、译文的原文作者、原文编辑及原文内容提供者均不对因产品责任、疏忽或其他人身或财产伤害及/或损失承担责任,亦不对由于使用或操作文中提到的方法、产品、说明或思想而导致的人身或财产伤害及/或损失承担责任。

※

国防工业出版社出版发行
(北京市海淀区紫竹院南路23号 邮政编码100048)
北京龙世杰印刷有限公司印刷
新华书店经售
*
开本710×1000 1/16 插页1 印张10¾ 字数188千字
2023年7月第1版第1次印刷 印数1—1500册 定价128.00元

(本书如有印装错误,我社负责调换)

国防书店:(010)88540777 书店传真:(010)88540776
发行业务:(010)88540717 发行传真:(010)88540762

译者序

气溶胶过滤即利用过滤器分离连续气体中悬浮的小颗粒或者微小液滴。随着有关部门对环境评价的要求愈加严格以及人们核安全意识的不断提高,放射性气溶胶的过滤和防扩散技术变得尤为重要。无论是核动力装置的事故排放,还是核动力装置维修基地的运行通风,以及乏燃料后处理厂内工艺尾气的处理过程,都涉及气溶胶的过滤问题,多样、复杂的应用环境对高效纤维过滤器的设计、生产以及运行、维护都提出了更高的要求。

目前,关于气溶胶过滤方面的专著非常少,多数与气溶胶相关的专著主要侧重于介绍气溶胶的输运和迁移理论以及气溶胶的实验技术,难以满足气溶胶过滤行为研究和装置设计的实际需求。因本人长期从事工业过滤系统的相关研究工作,对气溶胶过滤系统的工作原理和相关科学问题十分了解并进行了深入研究,深知拥有一本介绍气溶胶过滤的书籍对于读者开展相关研究的必要性和重要性。*Aerosol Filtration* 一书思路清晰,重点明确,内容涉及气溶胶过滤的原理、滤材的选择、过滤器的设计加工工艺以及过滤器的运行与维护等多方面问题,既包含经典理论公式,又包含最新的过滤方法,具有较强的系统性、逻辑性和实用性,是一部帮助读者了解气溶胶过滤系统、认识纤维介质过滤系统的非常好的学术专著。同时,本书通过实验和数值模拟对气溶胶过滤器运行过程中存在的多种问题进行研究,包括过滤器的堵塞问题、水封及疏水问题以及再夹带问题,是第一部从过滤器运行角度来分析气溶胶过滤的专著。本书的读者覆盖面较广,可面向核科学与技术、环境工程、动力工程及工程热物理、化学工程与技术等学科的科研人员、工程技术人员、高校教师和研究生。

本书的翻译工作由哈尔滨工程大学和中国原子能科学研究院的科研人员共同完成。谷海峰负责第3、4章的翻译工作,以及全书的整理校正和统稿工作;周艳民和魏严凇负责第5、6章的翻译工作和全书的校稿工作。研究生于汇宇、陈君岩、马耸、孙庆洋、尹威凯和李伊辰等负责第1、2章和附录的翻译工作以及图表整理工作。

感谢孙中宁教授、季松涛研究员和曹学武教授在本书翻译过程中提出的宝贵意见并给予帮助。

本书的引进、出版得到国防工业出版社装备科技译著出版基金资助,在此表示感谢。

由于本书涉及内容较多、专业性强,加之译者水平有限,不妥之处在所难免,敬请各位读者批评指正。

译者

2022 年 12 月

目录

符　　号

ε_0	真空介电常数(8.84×10^{-12}F/m)
e	元电荷(1.602×10^{-19}C)
h_P	普朗克(Planck)常数(6.626×10^{-34}J·s)
k_B	玻尔兹曼(Boltzmann)常数(1.381×10^{-23}J/K)
α	堆积密度/填充密度
α_l	液体堆积密度/填充密度
α_d	滤饼的堆积密度/填充密度
α_{film}	最大液体堆积密度/填充密度
α_f	过滤介质的堆积密度/填充密度
α_{Inter}	团块或聚集体之间的堆积密度/填充密度
α_{Intra}	团块或聚集体内部的堆积密度/填充密度
α_m	湿过滤介质的堆积/填充密度
α_p	颗粒的填充密度
β	非均质系数
χ	动态形状因子
ΔP	过滤器的压降(Pa)
ΔP_G	通过滤饼的压降(Pa)
ΔP_M	过滤介质压降(Pa)
ΔP_f	过滤器的最终压降(Pa)
ΔP_{MF}	褶皱过滤器的压降(Pa)
ΔP_{MP}	平板过滤介质的压降(Pa)
ΔP_0	过滤介质初始压降(Pa)
ΔP_S	突变点压降(过滤器收缩扩张处)(Pa)

η	单纤维捕集效率
η_{elec}	单纤维静电捕集效率
η_{DR}	单纤维扩散拦截捕集效率
η_{D}	单纤维扩散捕集效率
η_{IR}	单纤维惯性碰撞及拦截捕集效率
η_{I}	单纤维惯性碰撞捕集效率
η_{min}	单纤维捕集效率极小值
η_{R}	单纤维拦截捕集效率
γ_{l}	液体的表面张力(N/m)
κ_{f}	弗奇海默(Forchheimer)渗透率(s^3/kg)
κ	过滤介质渗透率(m^2)
λ_{c}	纤维的线电荷密度(C/m)
λ_{g}	气体分子平均自由程(m)
λ_{p}	颗粒的平均自由程(m)
μ	气体的动力黏度(Pa·s)
Ω	过滤面积(m^2)
ρ_{e}	有效密度(kg/m)
ρ_{f}	流体的密度(kg/m)
ρ_{l}	液体的密度(kg/m)
ρ_{0}	参考密度(1000kg/m)
ρ_{p}	颗粒的密度(kg/m)
ρ_{Fi}	纤维的密度(kg/m)
ρ_{m}	材料的密度(kg/m)
σ_{g}	几何标准差
τ	颗粒的弛豫时间(s)
Θ_{E}	液体/纤维间的接触角(°)
ε_{f}	纤维的介电常数
ε_{p}	颗粒的介电常数
ε_{d}	沉积物的孔隙率
ε_{Inter}	团块或聚集体之间的孔隙率
ε_{Intra}	团块或聚集体内部的孔隙率
ζ	压降系数
$\bar{z}$	颗粒移动的平均距离(m)

$\mathcal{D}$	颗粒的扩散系数(m^2/s)
$\mathcal{F}$	力(N)
A	纤维的投影面积(m^2)
a_f	纤维的比表面积(m^{-1})
A_p	颗粒的投影面积(m^2)
a_p	颗粒的比表面积(对于球形颗粒,$a_p=6/d_p$)(m^{-1})
B	机械迁移率(s/kg)
Bo	邦德(Bond)数(式(6.2))
C	浓度(个/m^3)
C_T	纤维的理论阻力系数
C_{amont}	过滤器上游颗粒浓度(个/m^3 或 kg/m^3)
C_{aval}	过滤器下游颗粒浓度(个/m^3 或 kg/m^3)
C_{Treal}	纤维的实际阻力系数
$C_{Tm}(Z,t)$	载有颗粒的纤维的阻力系数
C_T	纤维的曳力系数
Ca	毛细管数(式(6.3))
Co	重叠系数(式(5.39))
C_t	颗粒的曳力系数(阻力系数)
Cu	坎宁安(Cunningham)修正系数(式(1.10))
d_f	纤维直径(m)
d'_f	用戴维斯(Davies)方程计算的纤维直径(m)
d_p	颗粒直径(m)
d_{ae}	空气动力学直径(m)
d_{eq}	孔隙直径(m)
d_{fm}	湿纤维直径(m)
D_{frac}	分形维数
d_G	回转直径(m)
D_H	水力直径(m)
d_{me}	电迁移直径(m)
d_M	质量当量直径(m)
d_{pmin}	最易穿透粒径(MPPS)(m)
d_{pp}	初级颗粒直径(m)
d_{St}	斯托克斯(Stokes)直径(m)

d_{VG}	几何体积当量直径(m)
d_{Vpp}	初级颗粒的平均体积当量直径(m)
d_V	体积当量直径(m)
$d_{f'}$	戴维斯(Davies)纤维的有效直径(m)
$d_{fm}(Z,t)$	载有颗粒的纤维直径(m)
Dr	(经验)排水率
E	过滤效率
E_M	颗粒间最小吸引能(J)
E_{ce}	电场强度(V/m)
E_{d_i}	分级过滤效率
F_C	与水存在相关的合力(N)
f_h	穿孔所占表面积的分数
f_n	电荷的粒子分数
F_{Co}	校正系数(式(5.38))
F_{La}	拉普拉斯(Laplace)力或毛细压力(N)
F_{LV}	毛细张力产生的力(N)
f_S	介质的表面积分数
f_{V_f}	纤维总体积分数
F_e	电场力(N)
F_p	颗粒所受的重力(N)
F_t	曳力(N)
G	容重(g/m)
h	两个分子/颗粒之间的距离(m)
h	褶皱高度(m)
HA	哈梅克(Hamaker)常数(J)
H_{Fan}	“扇叶(fan)”模型的水动力学因数(式(4.25))
H_{Ha}	哈佩尔(Happel)水动力学因数(表4.2)
H_{Ku}	桑原(Kuwabara)水动力学因数(表4.2)
h_K	科泽尼(Kozeny)常量
H_{La}	拉姆(Lamb)水动力学因数(表4.2)
H_{Pi}	皮奇(Pich)水动力学因数(表4.2)
H_{Ye}	叶和刘(Yeh 和 Liu)水动力学因数(表4.2)
k	穿透因子
k_f	分形前置因子

Kn	克努森(Knudsen)数
Kn_f	纤维的克努森(Knudsen)数(式(4.24))
L	褶皱长度(m)
L	纤维总长度(m)
L'_f	单位体积纤维的总长度(m^{-2})
L'_p	单位体积内颗粒形成树突物的总长度(m^{-2})
L_f	单位表面积纤维的总长度(m^{-1})
L_p	单位表面积内颗粒形成树突物的总长度(m^{-1})
m	质量(kg)
m_l	收集液体的质量(kg)
m_{agg}	团块或聚集体的质量(kg)
m_{Fi}	纤维介质的质量(kg)
m_{LF}	每单位长度纤维收集的颗粒质量(kg/m)
m_p	颗粒的质量(kg)
n	元电荷数目
n_{mol}	单位体积分子数目(m^{-3})
N_{pp}	团块或聚集体中初级颗粒的数目
P	穿透率(式(4.2))
p	褶皱间距(m)
P_{Ad}	黏附概率
P_{fiber}	单纤维的穿透率
Pe	贝克来(Péclet)数(式(4.26))
PF	防护因子(式(4.2))
q	颗粒携带的电荷量(C)
Q_V	气体的体积流量(m^3/s)
R	拦截参数(式(4.27))
R_m	介质的流动阻力(m^{-1})
R'_m	多孔介质的流动阻力(m^{-1})
Re_p	颗粒的雷诺(Reynolds)数(式(1.5))
Re_f	纤维的雷诺(Reynolds)数(式(3.3))
Re_{pore}	孔隙的雷诺(Reynolds)数(式(3.2))
S	饱和度
S_o	最小饱和度
S_u	褶皱过滤器的上游面积(m^2)

Stk	斯托克斯(Stokes)数(根据纤维的直径确定,式(4.28))
Stk′	斯托克斯(Stokes)数(根据纤维的半径确定,式(4.29))
U	流体或颗粒的位移速度(m/s)
u_w	壁面处流体的速度(m/s)
U_f	过滤速度(m/s)
U_p	孔隙速度(m/s)
U_{ts}	颗粒的最终沉降速度(m/s)
U_e	颗粒在电场中的漂移速度(m/s)
v	流体的上游速度(m/s)
V_f	纤维的体积(m^3)
V_p	颗粒的体积(m^3)
$V_{Deposit}(x)$	过滤器内深度 x 处的沉积物体积(m^3)
$V_{Fibers}(x)$	过滤器内深度 x 处的纤维体积(m^3)
$V_{Filters}(x)$	过滤器内深度 x 处的体积(m^3)
Z	过滤介质的厚度(m)
Z_o	当 $\Theta(Z_o)=0$ 时两个粒子之间的最小距离(m)
Z_{me}	电迁移率($m^2/(s\cdot V)$)

引　言

无论考虑环境排放标准(烟气处理)、工人防护(呼吸防护设备)、室内空气质量(室内集中式空气净化系统、交通工具内空气处理、真空吸尘器等),还是广义上不同过程中的安全防护问题(电机和压缩机),分离气体与颗粒这一过程在日常生活中都是无处不在的。

本书专注于探讨气溶胶过滤。从定义上来说,气溶胶过滤就是利用过滤器分离均匀混合的连续相(气态)和分散相(固态或液态)的过程。这一定义排除了任何不是基于多孔介质和渗透介质的分离系统,如机械过滤系统(旋风分离器)或电力过滤系统(电除尘过滤器)。此外,虽然多孔介质包括颗粒床、陶瓷滤膜和纤维介质,但本书只讨论纤维介质,因为纤维介质是气溶胶过滤中使用最广泛的多孔介质。

尽管纤维过滤器已被广泛使用,但在工业发展领域,它们仍然仅是其中的一个小分支。因为它们更多地被视为是制约因素,而不是一个能产生附加值的设备。此外,尽管气溶胶过滤过程看似简单,但这一过程却涉及众多交叉学科,包括气溶胶物理学、气溶胶计量学、流体力学、材料物理化学和吸附法。

具体来说,了解气溶胶过滤过程需要考虑纤维过滤器的特性、气溶胶的特性以及运行条件(过滤中的速度、温度、湿度等),更重要的是还需要研究这三个方面之间的相互作用。实际上,通过本书我们可以了解到:正是三者之间的相互作用决定了过滤器的收集效率、能源消耗和沉积物结构(图 0.1),其中沉积物结构对压降和效率有很大的影响。

考虑到气溶胶过滤这一主题的宽泛性,本书将只关注不可再生纤维过滤器,对工业上使用的除尘器等可再生过滤器将不做讨论。

本书共分为 6 章。第 1 章主要介绍气溶胶的物理性质和特征,概述相关基础知识以便读者能够更好地理解颗粒在纤维介质中的行为。第 2 章简要介绍过滤介质的各种制备技术及其特征。第 3 章和第 4 章主要论述过滤介质的设计,

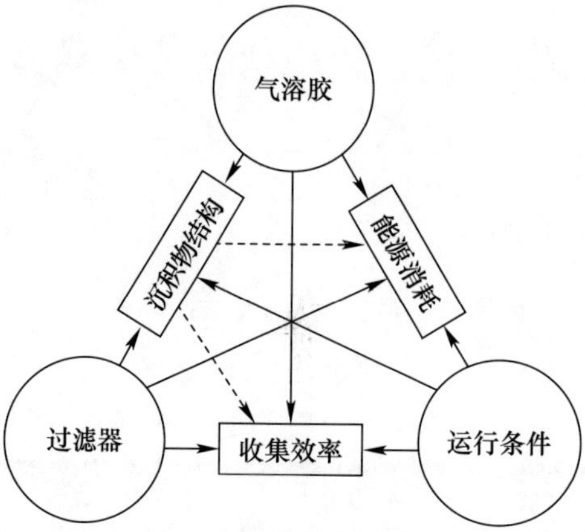

图 0.1　过滤过程关联图

探讨纤维介质的初始性能,即受压降影响的能量效率和过滤效率。第 5 章和第 6 章则更多地从用户视角来探讨随着运行时间的推移,过滤器性能的变化,因而过滤器的寿命成为一个重要的考虑因素。基于已过滤气溶胶性质的差异,以及过滤器堵塞时的性能也呈现出明显的差异,本书最后两章还分别讨论了固体和液体气溶胶的过滤。

第 1 章

气溶胶概述

气溶胶一词最早出现于 20 世纪 20 年代左右,指的是悬浮在气体介质中的固体或液体颗粒,其沉降速度可以忽略不计。在正常环境条件下,空气中气溶胶颗粒的直径小于 100μm。图 1.1 给出了空气中存在的一些杂质与一些其他成分的尺寸对比。就定义而言,气溶胶既指悬浮的颗粒,也包括悬浮颗粒所在的气体。然而,由于一直被误用,因此至今气溶胶一词常被错误地认为是颗粒的同义词。

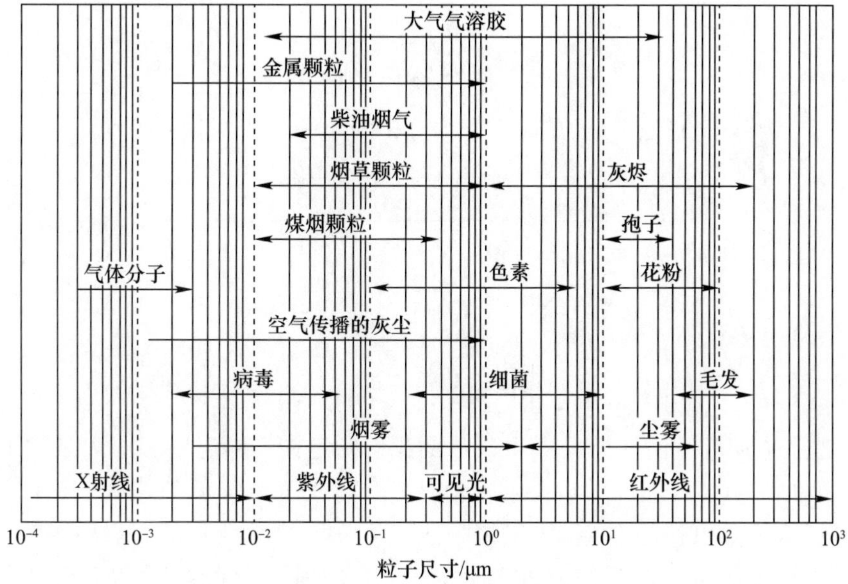

图 1.1　一些颗粒的尺寸数量级

在空气质量监测领域,根据空气动力学直径 x 的不同,空气中的悬浮颗粒可分为不同的 PMx(悬浮颗粒)类别(见 1.4.5 节)。

(1) PM10:空气动力学直径小于 10μm 的颗粒。

(2) PM2.5:空气动力学直径小于 2.5μm 的颗粒,也称为细颗粒。

(3) PM1:空气动力学直径小于 1μm 的颗粒,也称为极细颗粒。

(4) PM0.1:空气动力学直径小于 0.1μm 的颗粒,也称为超细颗粒或纳米颗粒。

1.1 气体介质的性质

气体介质对颗粒的行为起着重要的作用,它限制了颗粒的随机运动或者说降低了颗粒在力场中的偏离程度。另外,由于颗粒尺寸分布较为宽泛,从分子水平到 0.1mm 不等,因此必须从微观和宏观的角度来考虑载体介质,即可以使用气体分子运动论和流体力学的理论来研究气体介质。

1.1.1 平均自由程

气体是由不断运动的分子组成的非连续介质。一个分子在两次碰撞之间的平均距离定义为平均自由程 λ_g,λ_g 的定义式为

$$\lambda_g = \frac{1}{\sqrt{2}\,n_{mol}\pi d_{mol}^2} \tag{1.1}$$

式中:d_{mol}为分子直径;n_{mol}为单位体积内分子的数量。

对于气体分子,Willeke[WIL 76]给出了下面的经验公式:

$$\lambda_g = \lambda_0 \frac{T}{T_0}\frac{P_0}{P}\frac{1+\frac{110.4}{T_0}}{1+\frac{110.4}{T}} \tag{1.2}$$

式中:$\lambda_0 = 66.5\times10^{-9}$m;$P_0 = 101325$Pa;$T_0 = 293.15$K。

这个应用广泛的经验公式可以帮助我们确定在不同温度和压力条件下空气分子的平均自由程。平均自由程随温度升高或压力降低而增大(图 1.2),这与气体的体积膨胀有关,体积膨胀使气体分子的浓度降低,两次碰撞位置之间的距离增加。在温度为 20℃,压力为 1.013bar① 时,气体的平均自由程为 66.4nm。

① 1bar = 100kPa = 0.1MPa = 10N/cm²。

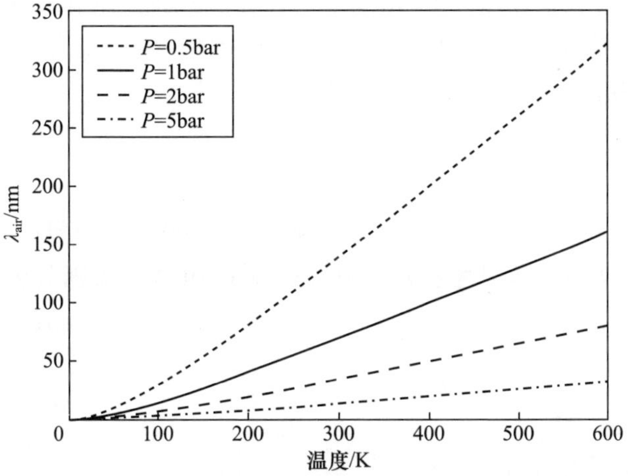

图 1.2　温度和压力对空气平均自由程的影响

1.1.2 克努森数

当颗粒的尺寸与周围气体分子的平均自由程处于相同数量级时，该介质不再认为是连续介质。克努森数可用于确定介质是否连续克努森数（Kn（无量纲））的定义为环境气体分子的平均自由程与颗粒半径（$d_p/2$）之比：

$$Kn = \frac{2\lambda_g}{d_p} \tag{1.3}$$

根据 Kn 的值，介质的连续性可以分为以下 3 种不同状态。

（1）$Kn \ll 1(\lambda_g \ll d_p/2)$：连续气流。气体和颗粒系统构成一个连续体。

（2）$0.4 < Kn < 20(\lambda_g \approx d_p/2)$：过渡流。颗粒与流体之间界面的间断出现导致作用在颗粒上的摩擦力减小。由于分子在颗粒表面滑动而不是与之碰撞，就造成了这种摩擦力减小的现象，因此出现了“滑移流”这个术语。值得注意的是，Kn 的极限值必须视数量级而定，因为不同的学者所给出的 Kn 值略有不同。在环境压力和温度下，大多数学者都认为尺寸约为 0.1～1μm 的颗粒处于过渡流区。

（3）$Kn \gg 1(\lambda_g \gg d_p/2)$：自由分子流。当周围气体分子间的碰撞比气体分子与颗粒间的碰撞要少很多时，介质不再被认为是连续介质。在这种区域中，气体分子运动论支配着随机运动。

1.2 惯性参数

在环境气体中悬浮的小尺寸颗粒受布朗运动的影响会产生随机运动。外力场的作用又会使颗粒在随机运动的基础上叠加一个连续滑移。这就是本节要讨论的内容,并且我们所考虑的力仅包括连续介质作用于运动颗粒上的阻力以及外部力,颗粒间的相互作用力将被忽略。

1.2.1 曳力

曳力 F_t 是由颗粒在空气或气体中的相对运动产生的力。力的作用方向与颗粒的运动方向相反,速度大小取决于颗粒相对于周围气体的速度,表达式为

$$F_t = C_t A_p \frac{\rho_g U^2}{2} \tag{1.4}$$

式中:A_p 为颗粒的投影面积(m^2);U 为颗粒的位移速度(m/s);C_t 为曳力系数(阻力系数);ρ_g 为气体密度(kg/m)。

曳力系数取决于颗粒的雷诺数 Re_p,与颗粒周边流区的流态有关:

$$Re_p = \frac{\rho_g U d_p}{\mu} \tag{1.5}$$

表 1.1 基于不同流态给出了一些球形颗粒的曳力系数表达式。

由表 1.1 得到的相关曲线如图 1.3 所示,必须指出的是,Haider 和 Levenspiel[HAI 89] 在 408 个实验点上建立的关系式可以适用于较大的雷诺数范围。

表 1.1 曳力系数的不同表达式

Re_p	曳力系数 C_t	文献
$Re_p < 0.1$	$\frac{24}{Re_p}$	[BAR 01]
$0.1 \leqslant Re_p < 5$	$\frac{24}{Re_p}(1 + 0.0196 Re_p)$	[BAR 01]
$5 \leqslant Re_p < 1000$	$\frac{24}{Re_p}(1 + 0.158 Re_p^{2/3})$	[BAR 01]
$1000 \leqslant Re_p < 2 \times 10^5$	0.44	[BAR 01]
$Re_p < 2.6 \times 10^5$	$\frac{24}{Re_p}(1 + 0.1806 Re_p^{0.6459}) + \frac{0.4251}{1 + 6881 Re_p^{-1}}$	[HAI 89]

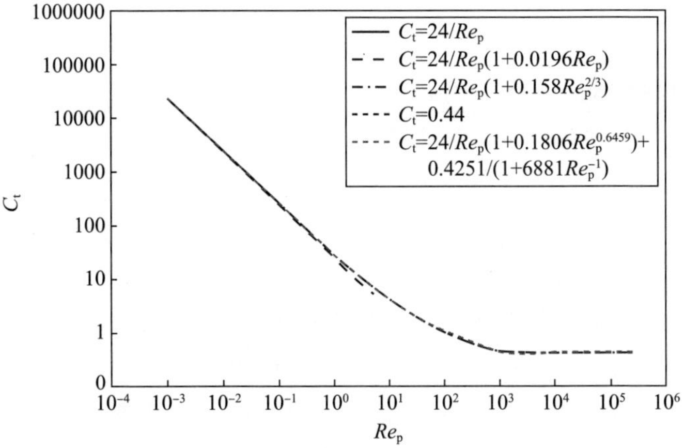

图 1.3 曳力系数与颗粒雷诺数的关系图

1.2.1.1 连续区域

如果 $Kn \ll 1$，颗粒的尺寸比环境气体分子的平均自由程要大，则流体可以视为连续流体。在层流区用 $24/Re_p$ 代替 C_t，则曳力表达式可简化为斯托克斯定律：

$$F_t = 3\pi\mu d_p U \tag{1.6}$$

在颗粒为非球形的情况下，我们引入动态形状因子χ。动态形状因子表示作用在非球形颗粒上的阻力与作用在与该颗粒体积相同的球体（即直径为颗粒的体积当量直径 d_V）的球体上的阻力之比（见第 1.4 节）：

$$\chi = \frac{F_t}{F_t(d_V)} \tag{1.7}$$

$$F_t = 3\pi\mu\chi d_V U \tag{1.8}$$

表 1.2 列出了一些颗粒的动态形状因子（χ）的数值[HIN 99,BAR 01]。

表 1.2 一些颗粒的动态形状因子χ

颗粒	动态形状因子χ
球体	1
立方体	1.08
沙土颗粒	1.57
角氧化铝颗粒	1.2～1.4
二氧化铀颗粒	1.28
由 3 个球形颗粒组成的紧凑的团块	1.15

续表

颗粒	动态形状因子 χ
由4个球形颗粒组成的紧凑的团块	1.17
由2个球形颗粒组成的直链	1.12
由3个球形颗粒组成的直链	1.27
由4个球形颗粒组成的直链	1.32

1.2.1.2 过渡流区或滑移流区

如果 $Kn \approx 1$，即当分子间距离的大小和颗粒的大小相差不大时，介质不能再被认为是连续的。在这种情况下，环境气体分子相对于颗粒区域的速度不是零，阻力减小。为了修正这种影响，引入了一个修正系数 Cu，称为坎宁安修正系数、滑移流系数或 Millikan 系数。因此斯托克斯定律可转变为

$$F_t = \frac{3\pi\mu d_p U}{\mathrm{Cu}} \tag{1.9}$$

修正系数的表达式为

$$\mathrm{Cu} = 1 + AKn + BKn\exp\left(-\frac{C}{Kn}\right) \tag{1.10}$$

式中：A、B、C 为实验确定的常数，表1.3归纳了不同作者所确定的这些常数值。

表1.3 式(1.10)中常量的实验值

文献	A	B	C	尺寸/μm	气溶胶
[MIL 23]	1.250	0.420	0.870	0.35～2.5	油滴
[ALL 82]	1.155	0.471	0.596	0.35～2.5	油滴
[BUC 89]	1.099	0.518	0.425	0.35～2.5	油滴
[RAD 90]	1.207	0.440	0.780	—	油滴
[ALL 85]	1.142	0.558	0.999	0.8～5.0	聚苯乙烯胶乳
[HUT 95]	1.231	0.470	1.178	1.0～2.2	聚苯乙烯胶乳
[KIM 05]	1.165	0.483	0.997	0.02～0.27	聚苯乙烯胶乳
[JUN 12]	1.165	0.480	1.001	0.02～0.10	聚苯乙烯胶乳

图1.4所示为在空气中($\lambda_{air} = 66.5$nm)将直径为 d_p 的颗粒基于 Kim 等的系数[KIM 05]计算得到的坎宁安修正系数变化曲线。

从图1.4可以看出，修正系数随着颗粒尺寸的减小而增大，即随着克努森数的增大而增大。当接近连续流区域时，坎宁安系数趋近于1($Kn \ll 1, d_p \gg \lambda_g$)，此时不管使用哪种常数集，计算得到的坎宁安系数值都很接近。Bau[BAU 08]发现，不同作者计算的系数与 Kim 等[KIM 05]确定的系数之比为 1 ± 0.03。

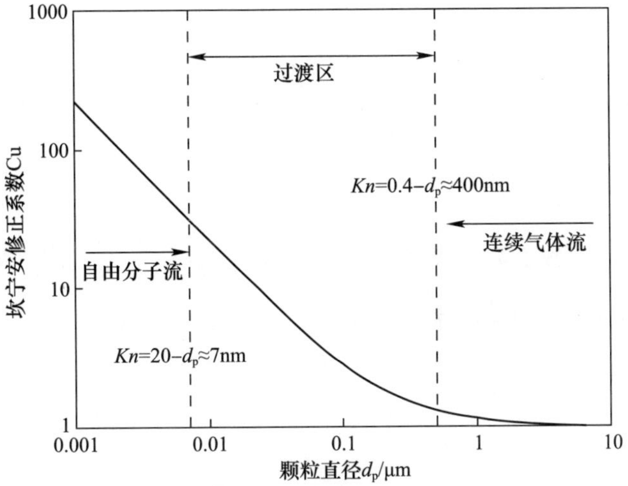

图 1.4　坎宁安修正系数(Cu)变化曲线

对于修正系数的计算,还有其他的表达式可以使用,如戴维斯(Davies)等式,它利用气体压力和颗粒直径可以得到下式:

$$\mathrm{Cu} = 1 + \frac{1}{pd_{\mathrm{p}}}[15.60 + 7.00 \times \exp(-0.059pd_{\mathrm{p}})] \tag{1.11}$$

式中:p 为气体压力(kPa);d_{p} 为颗粒的直径(μm)。

爱因斯坦-坎宁安关系式为

$$\mathrm{Cu} = 1 + 1.7Kn \tag{1.12}$$

1.2.2 力场中的漂移

在静止的空气中,当一个质量为 m_{p} 的颗粒受到恒定的力场作用时,它会获得一个漂移速度,这个速度可以用下式推导出来,即

$$m_{\mathrm{p}}\frac{\mathrm{d}U}{\mathrm{d}t} = \mathcal{F} - F_{\mathrm{t}} \tag{1.13}$$

在斯托克斯流范围内,有

$$F_{\mathrm{t}} = \frac{3\pi\mu d_{\mathrm{p}}}{\mathrm{Cu}}U \tag{1.14}$$

从而可得

$$\frac{\mathrm{Cu}m_{\mathrm{p}}}{3\pi\mu d_{\mathrm{p}}}\frac{\mathrm{d}U}{\mathrm{d}t} + U = \frac{\mathcal{F}\mathrm{Cu}}{3\pi\mu d_{\mathrm{p}}} \tag{1.15}$$

假定在 $t=0$ 时刻,速度为 0,式(1.15)的解为

$$U=\frac{\mathrm{Cu}\mathcal{F}}{3\pi\mu d_{\mathrm{p}}}\left[1-\exp\left(-\frac{t}{\tau}\right)\right] \tag{1.16}$$

式中:τ 为颗粒的弛豫时间,定义为

$$\tau=\frac{\mathrm{Cu}m_{\mathrm{p}}}{3\pi\mu d_{\mathrm{p}}} \tag{1.17}$$

在许多研究气溶胶物理学的书籍中(参考文献[REN 98,HIN 99,BAR 01]),通常将弛豫时间与机械迁移率 B 联系起来,即

$$\tau=m_{\mathrm{p}}B \tag{1.18}$$

其中

$$B=\frac{\mathrm{Cu}}{3\pi\mu d_{\mathrm{p}}} \tag{1.19}$$

对于球状颗粒,有

$$\tau=\frac{\rho_{\mathrm{p}}d_{\mathrm{p}}^{2}\mathrm{Cu}}{18\mu} \tag{1.20}$$

$t\gg\tau$ 的漂移极限速度为

$$\lim_{t\to+\infty}U=\frac{\mathrm{Cu}\mathcal{F}}{3\pi\mu d_{\mathrm{p}}} \tag{1.21}$$

1.2.2.1 重力场

当仅受重力场作用时,如果不考虑阿基米德原理(浮力),颗粒所受到的质量力只有重力 F_{p},即

$$\mathcal{F}=F_{\mathrm{p}}=\rho_{\mathrm{p}}V_{\mathrm{p}}g \tag{1.22}$$

对于球形颗粒,式(1.22)变为

$$F_{\mathrm{p}}=\frac{\pi\rho_{\mathrm{p}}d_{\mathrm{p}}^{3}}{6}g \tag{1.23}$$

用式(1.23)中的重力表达式代替(1.21)中的 $\mathcal{F}$,可得到颗粒的极限速度,也就是斯托克斯流中颗粒的最终沉降速度,表达式为

$$U_{\mathrm{ts}}=\frac{\rho_{\mathrm{p}}d_{\mathrm{p}}^{2}\mathrm{Cu}g}{18\mu} \tag{1.24}$$

1.2.2.2 电场

当带有电荷 $q(q=ne)$ 的颗粒被置于电场(场强为 E_{ce})中时,它受到的电场力 F_{e} 为

$$F_e = neE_{ce} \tag{1.25}$$

在这种情况下，漂移速度的极限值为

$$U_e = \frac{neE_{ce}\mathrm{Cu}}{3\pi\mu d_p} \tag{1.26}$$

在漂移速度和电场强度之间引入一个比例系数，这个系数是电迁移率 Z_{me}，即

$$Z_{me} = \frac{U_e}{E_{ce}} \tag{1.27}$$

换言之，有

$$Z_{me} = \frac{ne\mathrm{Cu}}{3\pi\mu d_p} \tag{1.28}$$

电迁移率 Z_{me} 可以与动态迁移率系数（式(1.19)）相关联：

$$Z_{me} = neB \tag{1.29}$$

构成气溶胶的大多数颗粒都带有与其悬浮或表面离子吸附有关的电荷[REN 98]（见 A.3 节）。除利用复杂的设备进行实验测量外[BRO 97,OUF 09,SIM 15]，很难估计颗粒上的电荷分布。因为在一定条件下，颗粒与空气中存在的离子会发生碰撞，先前带电的颗粒会随着离子的吸收而逐渐失去电荷，而中性颗粒会获得一定量的电荷，这两个过程最终会达到平衡状态。在双极离子存在时，这种平衡状态称为玻尔兹曼平衡[REN 98,HIN 99]。因此，对于相同浓度的正离子和负离子，携带元电荷（正电荷或负电荷）的颗粒的比例分数为

$$f_n = \frac{\exp\left(-\dfrac{n^2e^2}{4\pi\varepsilon_0 d_p \kappa_B T}\right)}{\sum\limits_{i=-\infty}^{\infty}\exp\left(-\dfrac{i^2e^2}{4\pi\varepsilon_0 d_p \kappa_B T}\right)} \tag{1.30}$$

式中：ε_0 为真空介电常数（$\varepsilon_0 = 8.84 \times 10^{-12}\mathrm{F/m}$）。

根据 Hinds 的研究，对于直径大于 0.05μm 的颗粒，式(1.30)可以写为

$$f_n = \left(\frac{e^2}{4\pi^2\varepsilon_0 d_p \kappa_B T}\right)^{\frac{1}{2}}\exp\left(-\frac{n^2e^2}{4\pi\varepsilon_0 d_p \kappa_B T}\right) \tag{1.31}$$

因此，在玻尔兹曼平衡状态下，如果气溶胶总体上呈电中性，则对于给定的颗粒尺寸，带有正电荷的颗粒数量与带有负电荷的一样多。另一方面，如图 1.5 所示，颗粒的直径越小，其中电中性颗粒的数量比例就越多。

然而，对于小于 50nm 的颗粒，玻尔兹曼平衡定律低估了带电颗粒的比例。Fuchs[FUC 63]、Hoppel 和 Frick[HOP 86]以及 Wiedensohler[WIE 88]建立了考虑这种差异

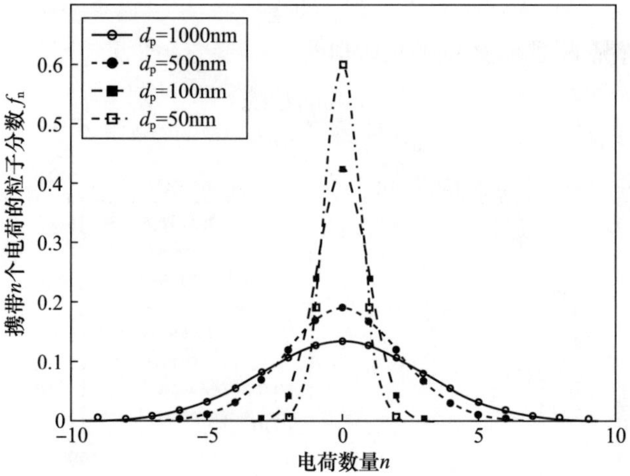

图 1.5　在玻尔兹曼平衡条件下(式(1.30)),不同粒径颗粒携带电荷数量分布图

的模型。Wiedensohler[WIE 88]针对大于 2.4 nm 的颗粒提出了以下经过实验验证的经验公式:

$$f_n = 10^{\sum_{i=0}^{5} a_i(n)[\lg d_{p(\text{en nm})}]^i} \tag{1.32}$$

式中:$a_i(n)$是表 1.4 给出的回归系数。

式(1.32)在 $1\text{nm} \leqslant d_p \leqslant 1000\text{nm}, n \in [-1,1]$ 和 $20\text{nm} \leqslant d_p \leqslant 1000\text{nm}, n \in [-2,2]$ 范围内很准确。

表 1.4　Wiedensohler 关系的系数 $a_i(n)$(式(1.32))[WIE 88]

n	$a_0(n)$	$a_1(n)$	$a_2(n)$	$a_3(n)$	$a_4(n)$	$a_5(n)$
-2	-26.3328	35.9044	-21.4608	7.0867	-1.3088	0.1051
-1	-2.3197	0.6175	0.6201	-0.1105	-0.126	0.0297
0	-0.0003	-0.1014	0.3073	-0.3372	0.1023	-0.0105
1	-2.3484	0.6044	0.48	0.0013	-0.1544	0.032
2	-44.4756	79.3772	-62.89	26.4492	-5.748	0.5059

需要注意的是,在 Baron 等的著作[BAR 01]中(但由 Wiedensohler 提出),系数 $a_4(1)$和 $a_5(2)$分别等于 -0.1553 和 0.5049。对于这个差异作者并没有给出解释。

图 1.6 给出了携带电荷量为 n 的颗粒的数量分数随颗粒直径的变化曲线,实线为在玻尔兹曼平衡(式(1.30))的变化,虚线为在 Wiedensohler 平衡(式(1.32))的变化。对于直径小于 100nm 的颗粒,玻尔兹曼平衡并不能很

好地计算出颗粒的实际电荷数，可以近似地用 Wiedensohler 关系式给出（式(1.32)）。我们还可以观察到 Wiedensohler[WIE 88] 所描述的平衡中存在正电荷和负电荷之间的不对称性，这与正离子和负离子的电迁移率系数不同有关。一项关于双极电荷在其他气体（氩和氮）中分布的研究显示，其不对称性比空气中的要大得多。根据 Wiedensohler 和 Fissan[WIE 91] 的研究，造成这种差异的主要原因是离子的质量和电迁移率系数在测定过程中的不确定性。

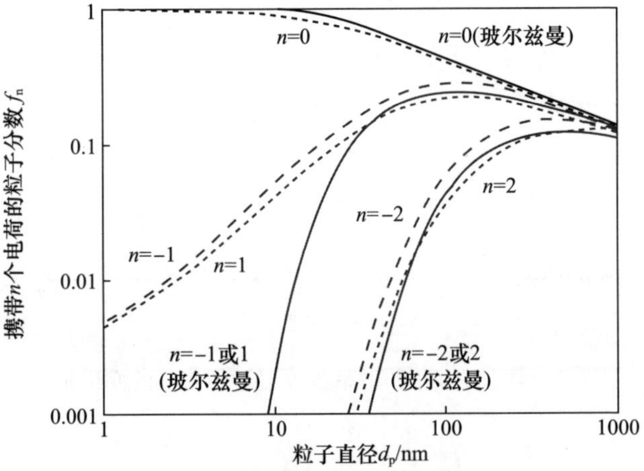

图 1.6　含 n 个电荷颗粒的粒径变化曲线

1.3 扩散参数

由于气溶胶体积小、惯性小，因此有些作用力虽然对大尺寸颗粒不起作用，但对小尺寸的气溶胶而言却很敏感。在恒温恒压的气体中，悬浮的颗粒在布朗运动的作用下四处游走，且其浓度在气体空间中趋于均匀。根据爱因斯坦方程，颗粒的扩散系数为

$$\mathcal{D} = k_B T B \tag{1.33}$$

式中：k_B 为玻尔兹曼常数，$k_B = 1.381 \times 10^{-23}$ J/K。

对于球形颗粒而言，扩散系数为

$$\mathcal{D} = \frac{k_B T Cu}{3\pi\mu d_p} \tag{1.34}$$

颗粒在给定的时间段 t 内所行进的平均距离 $\bar{z}$ 可通过爱因斯坦第一方程给出：

$$\bar{z} = \sqrt{2\mathcal{D}t} \tag{1.35}$$

图 1.7 给出了基于不同尺寸颗粒的扩散系数(式(1.34))的变化曲线。作为对比,室温下气体分子的扩散系数为 $2 \times 10^{-5} m^2/s$。

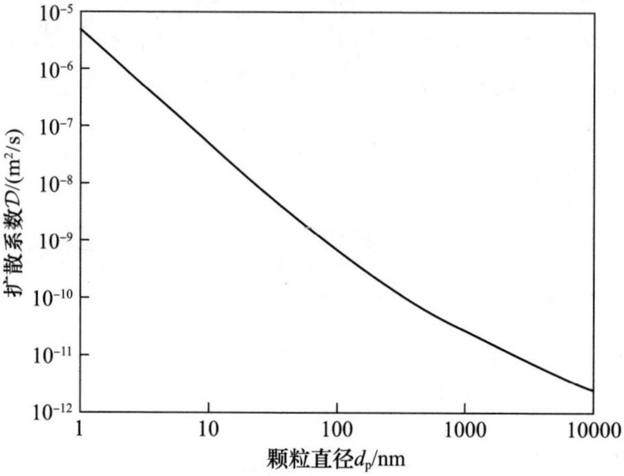

图 1.7　常温常压下扩散系数 $\mathcal{D}$ 随颗粒直径的变化曲线

1.4 当量直径

如果讨论球形颗粒,使用单一物理特性定义颗粒相对容易。然而,事实上,我们很少遇到这种情况(例如,石棉纤维、颗粒的团块或聚集体)。因此,有必要使用等效球体的概念,即利用与颗粒具有相同物理特性的球体的直径(例如,相同的质量、相同的沉降速度、相同的比表面积)。

1.4.1 质量当量直径 d_M

颗粒的质量当量直径 d_M 定义为与颗粒具有相同密度和质量的球形颗粒的直径,即

$$d_M = \sqrt[3]{\frac{6m_p}{\pi\rho_m}} \tag{1.36}$$

1.4.2 体积当量直径 d_V

体积当量直径 d_V 是与所考虑的颗粒体积相同的球形颗粒的直径,即

$$d_V = \sqrt[3]{\frac{6m_p}{\pi\rho_p}} \tag{1.37}$$

必须注意的是，对于仅由一种材料构成的非多孔颗粒，其体积当量直径等于质量当量直径。在相反的情况下，对于孔隙率为 ε 的多孔颗粒，可以用下式表达体积当量直径和质量当量直径之间的关系：

$$d_V = \sqrt[3]{\frac{\rho_m}{\rho_p}}d_M = \sqrt[3]{\frac{1}{1-\varepsilon}}d_M \tag{1.38}$$

所以，$d_V \gg d_M$。

1.4.3 电迁移直径 d_{me}

根据定义，电迁移直径 d_{me} 是与颗粒具有相同的基本电荷和相同的电迁移率 Z_{me} 的球形颗粒的直径，即

$$d_{me} = \frac{e\mathrm{Cu}(d_{me})}{3\pi\mu Z_{me}} \tag{1.39}$$

1.4.4 斯托克斯直径 d_{St}

斯托克斯直径是指在斯托克斯流中具有相同沉降速度和相同密度的球形颗粒的直径，即

$$d_{St} = \sqrt{\frac{18\mu U_{ts}}{\rho_p \mathrm{Cu}(d_{St})g}} \tag{1.40}$$

1.4.5 空气动力学直径 d_{ae}

颗粒的空气动力学直径 d_{ae} 的定义：具有相同沉降速度，且密度为标准密度（$1000\mathrm{kg/m^3}$）的球形颗粒的直径。空气动力学直径 d_{ae} 计算如下：

$$d_{ae} = \sqrt{\frac{18\mu U_{ts}}{\rho_0 \mathrm{Cu}(d_{ae})g}} \tag{1.41}$$

1.4.6 不同直径之间的关系

虽然不同的当量直径是由不同的物理量建立的，但是依然可以建立他们之间的关系。例如，非球形、非多孔颗粒的密度 ρ_p 就等于颗粒的材料密度 ρ_m。

1.4.6.1 空气动力学直径 d_{ae} 与体积当量直径 d_V 的关系

颗粒的最终沉降速度 U_{ts} 可由颗粒的空气动力学直径（式(1.41)）计算：

$$U_{ts}(d_{ae}) = \frac{\rho_0 \mathrm{Cu}(d_{ae})d_{ae}^2 g}{18\mu} \tag{1.42}$$

通过体积当量直径 d_V 推导，可得

$$U_{ts}(d_V)=\frac{\rho_p \mathrm{Cu}(d_V)d_V^2 g}{18\chi\mu} \tag{1.43}$$

使式(1.42)和式(1.43)相等，可得

$$d_{ae}=\sqrt{\frac{\rho_p \mathrm{Cu}(d_V)}{\chi\rho_0 \mathrm{Cu}(d_{ae})}}d_V \tag{1.44}$$

1.4.6.2　斯托克斯直径 d_{St} 与体积当量直径 d_V 的关系

使用斯托克斯直径计算最终沉降速度：

$$U_{ts}(d_{St})=\frac{\rho_p \mathrm{Cu}(d_{St})d_{St}^2 g}{18\mu} \tag{1.45}$$

使式(1.43)和式(1.45)相等，可得

$$d_{St}=\sqrt{\frac{\mathrm{Cu}(d_V)}{\chi \mathrm{Cu}(d_{St})}}d_V \tag{1.46}$$

1.4.6.3　电迁移直径 d_{me} 与体积当量直径 d_V 的关系

将上述方法应用于两种当量直径的电迁移率值：

$$Z_{me}(d_{me})=Z_{me}(d_V) \tag{1.47}$$

$$\frac{\mathrm{Cu}(d_{me})}{d_{me}}=\frac{\mathrm{Cu}(d_V)}{\chi d_V} \tag{1.48}$$

可得

$$d_{me}=\frac{\chi \mathrm{Cu}(d_{me})}{\mathrm{Cu}(d_V)}d_V \tag{1.49}$$

表1.5给出了从直径 d_j 转换到 d_i 的不同转换系数表达式。当颗粒直径大于1μm，坎宁安修正系数值趋于1，从而简化了修正因子。

表1.5　不同直径(非球形和非多孔颗粒)之间的转换系数

d_j	d_i			
	d_{ae}	d_V	d_{me}	d_{St}
d_{ae}	1	$\sqrt{\frac{\chi\rho_0 \mathrm{Cu}(d_{ae})}{\rho_p \mathrm{Cu}(d_V)}}$	$\sqrt{\frac{\rho_0}{\rho_p}}\left[\frac{\chi}{\mathrm{Cu}(d_V)}\right]^{\frac{3}{2}}\times\sqrt{\mathrm{Cu}(d_{ae})\mathrm{Cu}(d_{me})}$	$\sqrt{\frac{\rho_0 \mathrm{Cu}(d_{ae})}{\rho_p \mathrm{Cu}(d_{St})}}$
d_V	$\sqrt{\frac{\rho_p \mathrm{Cu}(d_V)}{\chi\rho_0 \mathrm{Cu}(d_{ae})}}$	1	$\frac{\chi \mathrm{Cu}(d_{me})}{\mathrm{Cu}(d_V)}$	$\sqrt{\frac{\mathrm{Cu}(d_V)}{\chi \mathrm{Cu}(d_{St})}}$

续表

d_j	d_i			
	d_{ae}	d_V	d_{me}	d_{St}
d_{me}	$\sqrt{\frac{\rho_p}{\rho_0}}\left[\frac{Cu(d_V)}{\chi}\right]^{\frac{3}{2}} \times \frac{1}{\sqrt{Cu(d_{ae})Cu(d_{me})}}$	$\frac{Cu(d_V)}{\chi Cu(d_{me})}$	1	$\left[\frac{Cu(d_V)}{\chi}\right]^{\frac{3}{2}} \times \frac{1}{Cu(d_{me})\sqrt{Cu(d_{St})}}$
d_{St}	$\sqrt{\frac{\rho_p Cu(d_{St})}{\rho_0 Cu(d_{ae})}}$	$\sqrt{\frac{\chi Cu(d_{St})}{Cu(d_V)}}$	$\left[\frac{\chi}{Cu(d_V)}\right]^{\frac{3}{2}} \times \sqrt{Cu(d_{St})}Cu(d_{me})$	1

图 1.8 所示为 $d_i = d_{ae}, d_{me}, d_{St}$ 的转换系数(d_i/d_V)的变化曲线。该图的计算中使用了表 1.5 中的关系式,并基于密度为 $\rho_p = 2000\text{kg/m}^3$ 和动态形状系数为 $\chi = 1.2$ 的无孔颗粒的体积当量直径 d_V。

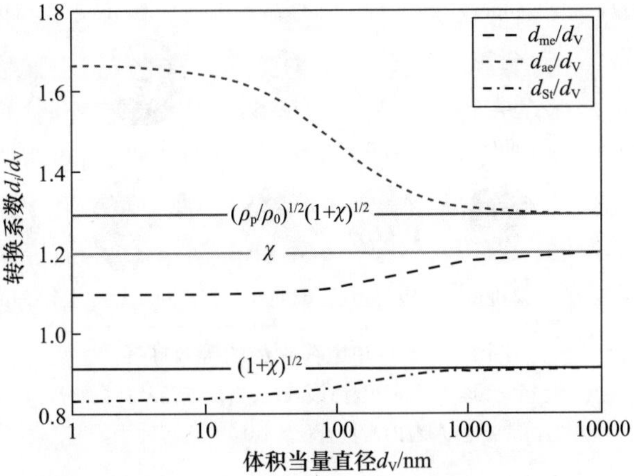

图 1.8　转换系数 d_i/d_V 的变化曲线

上述结果表明了,这里所表示的当量直径具有很大差异,并且由于转换系数与 1 相差较大,造成了与体积当量直径的差异相对较大。还突出强调了在描述气溶胶的尺寸时指定等效直径类型的重要性。图 1.8 还将使用表 1.6 中列出的简化关系所造成的差异用实线描绘了出来。因此,对于体积当量直径 $d_V = 10\text{nm}$ 的颗粒,转换系数从 1.64 降至 1.29 并忽略坎宁安修正系数,相当于低估了实际气体动力学直径的 21% 。不同当量直径之间的差异可以用直观的方式加以说明。图 1.9 给出了 3 种颗粒的等效球体直径。

表 1.6　对于非球、无孔颗粒,尺寸大于 1μm 时,不同直径之间的转换系数

d_j	d_i			
	d_{ae}	d_V	d_{me}	d_{St}
d_{ae}	1	$\sqrt{\dfrac{\chi\rho_0}{\rho_p}}$	$\sqrt{\dfrac{\rho_0}{\rho_p}\chi^{3/2}}$	$\sqrt{\dfrac{\rho_0}{\rho_p}}$
d_V	$\sqrt{\dfrac{\rho_p}{\chi\rho_0}}$	1	χ	$\sqrt{\dfrac{1}{\chi}}$
d_{me}	$\sqrt{\dfrac{\rho_p}{\rho_0}}\left(\dfrac{1}{\chi}\right)^{3/2}$	$\dfrac{1}{\chi}$	1	$\left(\dfrac{1}{\chi}\right)^{3/2}$
d_{St}	$\sqrt{\dfrac{\rho_p}{\rho_0}}$	$\sqrt{\chi}$	$\chi^{3/2}$	1

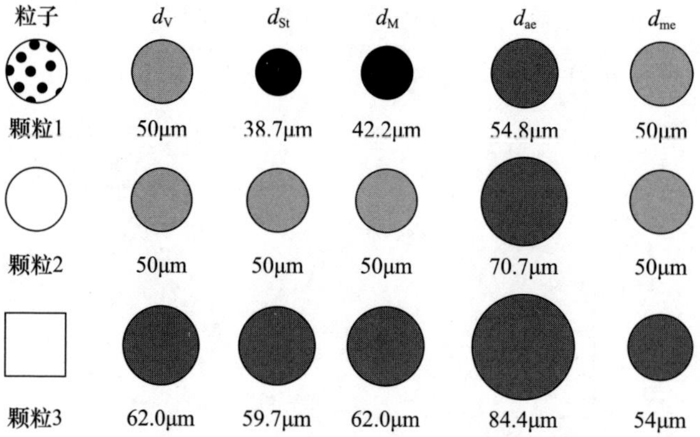

图 1.9　3 种单电荷颗粒的等效球径

黑色:当量直径 = 颗粒的几何尺寸;浅灰色:当量直径 < 颗粒的几何尺寸;

深灰色:颗粒的当量直径 > 颗粒的几何尺寸。

(1) 颗粒 1:球形、多孔、单电荷颗粒(直径 50μm,密度 $\rho_m = 2000\text{kg/m}^3$,孔隙率 $\varepsilon = 0.4$)。

(2) 颗粒 2:球形、非多孔、单电荷颗粒(直径 50μm,密度 $\rho_m = 2000\text{kg/m}^3$)。

(3) 颗粒 3:立方体、非多孔、单电荷颗粒(直径 50μm,密度 $\rho_m = 2000\text{kg/m}^3$,动态形状因子 $\chi = 1.08$)。

1.5　纳米结构颗粒

纳米结构颗粒是纳米颗粒通过物理或化学过程,最终形成的团块或聚集体。

ISO/TS 27687:2008[ISO 08]将这两个术语定义如下：

（1）聚集体（aggregate）：一组紧密相连或融合在一起的颗粒，其外部面积可能远远小于其各部分面积之和。

（2）团块（agglomerate）：一组微弱地连接在一起的颗粒、聚集体或两者的混合物。其外部面积等于每一部分的面积之和。

需要指出的是，术语“团块”和“聚集体”的定义取决于所使用的标准。如 Nichols 等[NIC 02]指出，英国标准和国际标准给出了完全相反的定义。英国标准中团块的定义对应于国际标准中聚集体的定义，反之亦然。在本书的其余部分中，术语“团块”和“聚集体”使用国际标准中的定义。

1.5.1 准分形颗粒

1.5.1.1 分形维数

准分形颗粒的集群形态很复杂，尽管在现实中并不是所有层次上都是分形的，但是通常情况下还是会被比作分形形态，所以这就是我们所说的准分形形态学。我们常用旋转直径 d_G 来表示团块和聚集体，如果整个族群的质量都集中在旋转直径上，那么惯性矩将与初始族群相同。团块和聚集体的分形维数 D_{frac} 值为 1～3，这就可以用于评估该族群的密实度（图 1.10）。因此，分形维数越大，族群的密度越大。当分形维数为 2 时，聚集体中的各部分颗粒会暴露在空气中，当 $D_{frac} \to 3$ 时，聚合体以体积致密的形式呈现。分形维数使得将组成聚集体的原生颗粒数 N_{pp} 与原生元素的尺寸 d_{pp} 相互联系：

$$N_{pp} = k_f \left(\frac{d_G}{d_{pp}}\right)^{D_{frac}} \tag{1.50}$$

式中：k_f 为分形前置因子。

最初，分形维数只能通过对团块的图像分析来确定[FOR 99,LEE 10,KAN 12]。为了简化这种烦琐且耗时的方法，一些学者开发了一种基于光扩散的分析方法[WAN 99,NIC 02,KIM 03]。其他人试图通过分形维数将质量与团块的电迁移直径联系起来：

$$m_{agg} = k_{f_{me}} \left(\frac{d_{me}}{d_{pp}}\right)^{D_{frac_{me}}} \tag{1.51}$$

或者

$$N_{pp} = k_{me} \left(\frac{d_{me}}{d_{pp}}\right)^{D_{frac_{me}}} \tag{1.52}$$

式中：$k_{f_{me}}$ 和 k_{me} 为前置因子，通过以下关系式关联在一起[SHA 12]：

$$k_{me} = \frac{6k_{f_{me}}}{\pi\rho_p d_{pp}^3} \tag{1.53}$$

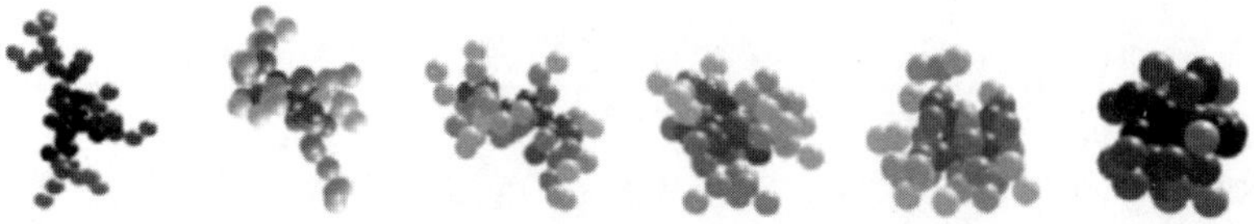

图 1.10　不同分形维数的团块的形态学说明[OUF 06]

1.5.1.2　有效密度

对于纳米结构颗粒，团块或聚集体的密度不仅与材料的化学成分有关，还与其结构/形态有关。例如，团块或聚集体中的孔隙率。因此，有效密度 ρ_e 可通过团块或聚集体的质量以及它的电迁移率当量体积来定义，即

$$\rho_e = \frac{6m_{agg}}{\pi d_{me}^3} \tag{1.54}$$

对于球形和非多孔颗粒，这种密度可以有效地对应材料的密度。对于纳米结构颗粒，当颗粒从一个当量直径换算到另一个当量直径时，则必须考虑上述特性。这时，上述定义的转化率（表 1.5）必须加以修改：

$$\rho_p = \rho_e \left[\chi \frac{Cu(d_{me})}{Cu(d_V)}\right]^3 \tag{1.55}$$

因此，气体动力学直径与电迁移当量直径之间的关系可以表示如下。

（1）对于一个非球形、非多孔颗粒，有

$$d_{me} = d_{ae} Cu(d_{me}) \sqrt{\frac{\rho_o}{\rho_p} Cu(d_{ae})} \left[\frac{\chi}{Cu(d_V)}\right]^{\frac{3}{2}} \tag{1.56}$$

（2）对于一个纳米结构颗粒，有

$$d_{me} = d_{ae} \sqrt{\frac{\rho_o Cu(d_{ae})}{\rho_e Cu(d_{me})}} \tag{1.57}$$

最近，为了同时测量两种不同的等效直径来获得纳米结构颗粒的有效密度，开发了不同的技术。总体而言，不同的方法都是基于串联或并联使用差分电迁移率分析仪（DMA）和荷电低压撞击器（ELPI）来进行测量的，前者根据电迁移直径选择颗粒，后者根据空气动力学直径测量颗粒。这样就可以根据空气动力学直径来推断颗粒的浓度。将两台机器并联使用时，可以分别给出基于电迁移率当量直径和空气动力学直径的颗粒直径分布，利用这两种尺寸分布可以确定最终的有效密度值[PRI 14]。将两台机器串联使用时，可以先利用差分电迁移率分析

仪给出基于电迁移率的分级颗粒;然后对某一给定尺寸的颗粒通过荷电低压撞击器再基于空气动力学直径进行分级;最后,从这个计算中推导出最终的有效密度值[SCH 07,SKI 99,VAN 04,VIR 04,BAU 14]。然而,这两种耦合技术(串联或并联)都有其局限性。ELPI 的低分辨率和具有相同直径的颗粒在不同水平的冲击器[DON 04]等情况会导致测量的不确定性,这只能通过复杂的反演计算来解决。此外,由于两台机器的采样速率的不同,因此采样过程必须引入气溶胶的稀释,这也可能会产生额外的偏差。

另一种确定团块有效密度的方法是测量已知直径的颗粒质量[MCM 02]。虽然这种方法比上面描述的方法更耗时,但它更易实现,而且不需要任何特定的假设。这种方法主要是采用 DMA 根据颗粒的电迁移率来选择颗粒,然后使用 Ehara 等开发的气溶胶颗粒质量分析仪测量它们的质量[EHA 96]。对于非多孔颗粒,通过这种方法可以直接测定颗粒密度,而无须在比重瓶分析之前进行取样。对于纳米结构颗粒,即使不能直接得到有效密度,这种测量方法也能提供用于计算密度的信息。该方法最近已用于测定柴油颗粒[SHA 12,KHA 12,GHA 13,RIS 13]、碳纳米管[KIM 09]和多种金属颗粒[CHA 14]的有效密度。

参考文献

[ALL 82] ALLEN M. ,RAABE O. ,"Re-evaluation of millikan's oil drop data for the motion of small particles in air",*Journal of Aerosol Science*,vol. 13,no. 6,pp. 537 – 547,1982.

[ALL 85] ALLEN M. D. ,RAABE O. G. ,"Slip correction measurements of spherical solid aerosol particles in an improved Millikan apparatus",*Aerosol Science and Technology*,vol. 4,no. 3,pp. 269 – 286,1985.

[BAR 01] BARON P. ,WILLEKE K. ,*Aerosol Measurement:Principles,Techniques,and Applications*,Wiley,New York,2001.

[BAU 08] BAU S. ,Etude des moyens de mesure de la surface des aérosols ultrafins pour l'évaluation de l'exposition professionnelle,PhD thesis,Institut National Polytechnique de Lorraine,Nancy,2008.

[BAU 13] BAU S. ,WITSCHGER O. ,"A modular tool for analyzing cascade impactors data to improve exposure assessment to airborne nanomaterials", *Journal of Physics: Conference Series*, vol. 429, no. 1, p. 012002,2013.

[BAU 14] BAU S. ,BÉMER D. ,GRIPPARI F. *et al.* ,"Determining the effective density of airborne nanoparticles using multiple charging correction in a tandem DMA/ELPI setup",*Journal of Nanoparticle Research*,vol. 16,no. 10,pp. 1 – 13,2014.

[BOW 95] BOWEN W. R. ,JENNER F. ,"The calculation of dispersion forces for engineering applications",*Advances in Colloid and Interface Science*,vol. 56,pp. 201 – 243,1995.

[BRA 32] BRADLEY R. S. ,"The cohesive force between solid surfaces and the surface energy of solids",*The London,Edinburgh,and Dublin Philosophical Magazine and Journal of Science*,vol. 13,no. 86,pp. 853 – 862,1932.

[BRO 93] BROWN R. C. ,*Air Filtration:An Integrated Approach to the Theory and Applications of Fibrous Filters*,Pergamon,Oxford,1993.

[BRO 97] BROWN R. ,"Tutorial review:simultaneous measurement of particle size and particle charge",*Journal of Aerosol Science*,vol. 28,no. 8,pp. 1373 - 1391,1997.

[BUC 89] BUCKLEY R. ,LOYALKA S. ,"Cunningham correction factor and accommodation coefficient: Interpretation of Millikan's data",*Journal of Aerosol Science*,vol. 20,no. 3,pp. 347 - 349,1989.

[CHA 14] CHARVET A. ,BAU S. ,PAEZ COY N. *et al.* ,"Characterizing the effective density and primary particle diameter of airborne nanoparticles produced by spark discharge using mobility and mass measurements (tandem DMA/APM)",*Journal of Nanoparticle Research*,vol. 16:2418,,no. 5,pp. 1 - 11,2014.

[CHU 00] CHURAEV N. V. ,*Liquid and Vapour Flows in Porous Bodies:Surface Phenomena*,vol. 13,CRC Press,Amsterdam,2000.

[COR 66] CORN M. ,in "Adhesion of particles",in *Aerosol Science*,Academic Press,New York,1966.

[CZA 84] CZARNECKI J. ,ITSCHENSKIJ V. ,"Van der Waals attraction energy between unequal rough spherical particles",*Journal of Colloid and Interface Science*,vol. 98,no. 2,pp. 590 - 591,1984.

[DON 04] DONG Y. ,HAYS M. ,DEAN SMITH N. *et al.* ,"Inverting cascade impactor data for size-resolved characterization of fine particulate source emissions",*Journal of Aerosol Science*,vol. 35,no. 12,pp. 1497 - 1512,2004.

[EHA 96] EHARA K. ,HAGWOOD C. ,COAKLEY K. ,"Novel method to classify aerosol particles according to their mass-to-charge ratio—Aerosol particle mass analyser",*Journal of Aerosol Science*,vol. 27,no. 2,pp. 217 - 234,1996.

[FIS 81] FISHER L. R. ,ISRAELACHVILI J. N. ,"Direct measurement of the effect of meniscus forces on adhesion:a study of the applicability of macroscopic thermodynamics to microscopic liquid interfaces",*Colloids and Surfaces*,vol. 3,no. 4,pp. 303 - 319,1981.

[FOR 99] FOROUTAN-POUR K. ,DUTILLEUL P. ,SMITH D. ,"Advances in the implementation of the box-counting method of fractal dimension estimation",*Applied Mathematics and Computation*,vol. 105,no. 2,pp. 195 - 210,1999.

[FUC 63] FUCHS N. ,"On the stationary charge distribution on aerosol particles in a bipolar ionic atmosphere",*Geofisica pura e applicata*,vol. 56,no. 1,pp. 185 - 193,1963.

[GHA 13] GHAZI R. ,TJONG H. ,SOEWONO A. *et al.* ,"Mass,mobility,volatility,and morphology of soot particles generated by a mckenna and inverted burner",*Aerosol Science and Technology*,vol. 47,no. 4,pp. 395 - 405,2013.

[HAI 89] HAIDER A. ,LEVENSPIEL O. ,"Drag coefficient and terminal velocity of spherical and non-spherical particles",*Powder Technology*,vol. 58,no. 1,pp. 63 - 70,1989.

[HAM 37] HAMAKER H. ,"The London - van der Waals attraction between spherical particles",*Physica*,vol. 4,no. 10,pp. 1058 - 1072,1937.

[HIN 99] HINDS W. C. ,*Aerosol Technology*(Second Edition),JohnWiley & Sons,New York,1999.

[HOP 86] HOPPEL W. A. ,FRICK G. M. ,"Ion - aerosol attachment coefficients and the steadystate charge distribution on aerosols in a bipolar ion environment",*Aerosol Science and Technology*,vol. 5,no. 1,pp. 1 - 21,1986.

[HUT 95] HUTCHINS D. ,HARPER M. ,FELDER R. ,"Slip correction measurements for solid spherical particles by modulated dynamic light scattering", *Aerosol Science and Technology*, vol. 22, no. 2, pp. 202 – 218, 1995.

[ISO 08] ISO/TS 27687, Nanotechnologies – terminology and definitions for nanoobjects – nanoparticle, nanofiber and nanoplate, Report, International Organization for Standardization, 2008.

[JUN 12] JUNG H., MULHOLLAND G. W., PUI D. Y. *et al.*, "Re-evaluation of the slip correction parameter of certified {PSL} spheres using a nanometer differential mobility analyzer (NDMA)", *Journal of Aerosol Science*, vol. 51, pp. 24 – 34, 2012.

[KAN 12] KANNIAH V., WU P., MANDZY N. *et al.*, "Fractal analysis as a complimentary technique for characterizing nanoparticle size distributions", *Powder Technology*, vol. 226, pp. 189 – 198, 2012.

[KHA 12] KHALIZOV A., HOGAN B., QIU C. *et al.*, "Characterization of soot aerosol produced from combustion of propane in a shock tube", *Aerosol Science and Technology*, vol. 46, no. 8, pp. 925 – 936, 2012.

[KIM 03] KIM H., CHOI M., "In situ line measurement of mean aggregate size and fractal dimension along the flame axis by planar laser light scattering", *Journal of Aerosol Science*, vol. 34, no. 12, pp. 1633 – 1645, 2003.

[KIM 05] KIM J. H., MULHOLLAND G. W., KUKUCK S. R. *et al.*, "Slip correction measurements of certified PSL nanoparticles using a nanometer differential mobility analyzer(nano – DMA) for Knudsen number from 0.5 to 83", *Journal of Research – National Institute of Standards And Technology*, vol. 110, no. 1, p. 31, 2005.

[KIM 09] KIM S. B., MULHOLLAND G. B., ZACHARIAH M. B., "Density measurement of size selected multiwalled carbon nanotubes by mobility-mass characterization", *Carbon*, vol. 47, no. 5, pp. 1297 – 1302, 2009.

[KRU 67] KRUPP H., "Particle adhesion, theory and experiment", *Advances in Colloid and Interface Science*, vol. 1, pp. 111 – 239, 1967.

[LAR 58] LARSEN R. I., "The adhesion and removal of particles attached to air filter surfaces", *American Industrial Hygiene Association Journal*, vol. 19, no. 4, pp. 265 – 270, 1958.

[LEE 10] LEE W. – L., HSIEH K. – S., "A robust algorithm for the fractal dimension of images and its applications to the classification of natural images and ultrasonic liver images", *Signal Processing*, vol. 90, no. 6, pp. 1894 – 1904, 2010.

[LEH 04] LEHMANN U., NIEMELÄ V., MOHR M., "New method for time-resolved diesel engine exhaust particle mass measurement", *Environmental Science and Technology*, vol. 38, no. 21, pp. 5704 – 5711, 2004.

[LIF 56] LIFSHITZ E., "The theory of molecular attractive forces between solids", *Soviet Physics*, vol. 2, no. 1, pp. 73 – 83, 1956.

[MCM 02] MCMURRY P., WANG X., PARK K. *et al.*, "The relationship between mass and mobility for atmospheric particles: a new technique for measuring particle density", *Aerosol Science and Technology*, vol. 36, no. 2, pp. 227 – 238, 2002.

[MIL 23] MILLIKAN R. A., "Coefficients of slip in gases and the law of reflection of molecules from the surfaces of solids and liquids", *Physical Review*, vol. 21, no. 3, p. 217, 1923.

[NIC 02] NICHOLS G., BYARD S., BLOXHAM M. J., *et al.*, "A review of the terms agglomerate and aggregate with a recommendation for nomenclature used in powder and particle characterization", *Journal of Pharmaceutical Sciences*, vol. 91, no. 10, pp. 2103 – 2109, 2002.

[OUF 06] OUF F. – X., Caractérisation des aérosols émis lors d'un incendie, PhD thesis, University of Rouen, 2006.

[OUF 09] OUF F. – X., SILLON P., "Charging efficiency of the electrical low pressure impactor's corona charger: influence of the fractal morphology of nanoparticle aggregates and uncertainty analysis of experimental results", *Aerosol Science and Technology*, vol. 43, no. 7, pp. 685 – 698, 2009.

[PAU 32] PAUTHENIER M., MOREAU – HANOT M., "Charging of spherical particles in an ionizing field", *Journal de Physique et Le Radium*, vol. 3, no. 7, pp. 590 – 613, 1932.

[PRI 14] PRICE H., STAHLMECKE B., ARTHUR R. *et al.*, "Comparison of instruments for particle number size distribution measurements in air quality monitoring", *Journal of Aerosol Science*, vol. 76, pp. 48 – 55, 2014.

[RAD 90] RADER D. J., "Momentum slip correction factor for small particles in nine common gases", *Journal of Aerosol Science*, vol. 21, no. 2, pp. 161 – 168, 1990.

[REN 98] RENOUX A., BOULAUD D., *Les aérosols: Physiques et Métrologie*, Tec & Doc Lavoisier, 1998.

[RIS 13] RISSLER J., MESSING M., MALIK A. C. *et al*, "Effective density characterization of soot agglomerates from various sources and comparison to aggregation theory", *Aerosol Science and Technology*, vol. 47, no. 7, pp. 792 – 805, 2013.

[SCH 81] SCHUBERT H., "Principles of agglomeration", *International Chemical Engineering*, vol. 21, no. 3, pp. 363 – 376, 1981.

[SCH 07] SCHMID O., KARG E., HAGEN D. *et al.*, "On the effective density of non-spherical particles as derived from combined measurements of aerodynamic and mobility equivalent size", *Journal of Aerosol Science*, vol. 38, no. 4, pp. 431 – 443, 2007.

[SHA 12] SHAPIRO M., VAINSHTEIN P., DUTCHER D. *et al.*, "Characterization of agglomerates by simultaneous measurement of mobility, vacuum aerodynamic diameter and mass", *Journal of Aerosol Science*, vol. 44, pp. 24 – 45, 2012.

[SIM 15] SIMON X., BAU S., BÉMER D. *et al.*, "Measurement of electrical charges carried by airborne bacteria laboratory-generated using a single-pass bubbling aerosolizer", *Particuology*, vol. 18, pp. 179 – 185, 2015.

[SKI 99] SKILLAS G. B., BURTSCHER H., SIEGMANN K. *et al.*, "Density and fractal-like dimension of particles from a laminar diffusion flame", *Journal of Colloid and Interface Science*, vol. 217, no. 2, pp. 269 – 274, 1999.

[TSA 91] TSAI C. – J., PUI D. Y., LIU B. Y., "Elastic flattening and particle adhesion", *Aerosol Science and Technology*, vol. 15, no. 4, pp. 239 – 255, 1991.

[VAN 04] VAN GULIJK C., MARIJNISSEN J., MAKKEE M. *et al.*, "Measuring diesel soot with a scanning mobility particle sizer and an electrical low-pressure impactor: performance assessment with a model for fractal-like agglomerates", *Journal of Aerosol Science*, vol. 35, no. 5, pp. 633 – 655, 2004.

[VIR 04] VIRTANEN A., RISTIMÄKI J., KESKINEN J. B., "Method for measuring effective density and fractal dimension of aerosol agglomerates", *Aerosol Science and Technology*, vol. 38, no. 5, pp. 437 – 446, 2004.

[VIS 72] VISSER J., "On Hamaker constants: a comparison between Hamaker constants and Lifshitz-van der Waals constants", *Advances in Colloid and Interface Science*, vol. 3, no. 4, pp. 331 – 363, 1972.

[WAN 99] WANG G., SORENSEN C., "Diffusive mobility of fractal aggregates over the entire Knudsen number range", *Physical Review E*, vol. 60, no. 3, p. 3036, 1999.

[WIE 88] WIEDENSOHLER A., "An approximation of the bipolar charge distribution for particles in the submicron size range", *Journal of Aerosol Science*, vol. 19, no. 3, pp. 387 – 389, 1988.

[WIE 91] WIEDENSOHLER A., FISSAN H., "Bipolar charge distributions of aerosol particles in high-purity argon and nitrogen", *Aerosol Science and Technology*, vol. 14, no. 3, pp. 358 – 364, 1991.

[WIL 76] WILLEKE K., "Temperature dependence of particle slip in a gaseous medium", *Journal of Aerosol Science*, vol. 7, no. 5, pp. 381 – 387, 1976.

第2章
纤维介质

本章主要对纤维过滤器的制造技术做一个简短的陈述，目的是将不同纤维的属性与应用该纤维的设计关联起来。笔者并没有对不同的纤维介质进行特别详细的描述，而是提供一个总体的概述，以便读者从能源效率的角度更好地理解这些过滤器的性能。若要获取更多与无纺布介质的应用相关的信息，还请读者们参考帕切斯（Purchas）和萨瑟兰（Sutherland）[PUR 02]、瓦克曼（Wakeman）和塔尔顿（Tarleton）[WAK 99]、内卡（Neckar）和达斯（Das）[NEC 11]以及罗素（Russell）[RUS 06]的文章。

2.1 概　　述

在空气过滤领域，大多数的纤维过滤器是由无纺布纤维制成的。根据欧洲无纺布协会的规定，无纺布材料是一种非织造布，直接利用高聚物切片、短纤维或长丝通过各种纤网成形的方法和固结技术形成的具有柔软、透气等特性的平面结构，是一种新型纤维制品。ISO 9092 规范和 DIN EN 29092 规范同样将无纺布定义为由定向或随机导向的纤维所制成的板材或网，主要通过摩擦力或内聚力黏结，或直接黏结组成。无论是否另有针刺，无纺布不包括经编织的、针织的、簇绒的、由结合的纱线或细丝组成的或由湿铣加工而成的产品和纸张。无纺布产品具有形式多样、价格低廉的优势，而且其参数可调范围比较宽泛。例如，纤维的丝径范围为 0.1 ~ 500μm，厚度范围为 20 ~ 5000μm，面密度的范围为 0.1 ~ 2000g/m^2，因此能满足不同领域的功能需求。

无纺布与其他纺织品（机织物）最大的区别为，在无纺布中纤维是直接组合的，而不是由线横纵交织而成的（这里的线是指纤维的组合）。

欧洲是世界上无纺布生产的领军者之一，年生产量近 200 万 t（图 2.1），与亚洲相当[BRO 12]。2009 年，约全球产量 12% 的无纺布被用来制造无纺布过滤产品，价值25亿美元。其中，65%的无纺布用于空气过滤，35%的用于液体过滤[BRO 12]。截至2012年，过滤行业年产值的增长率为4%~8%。

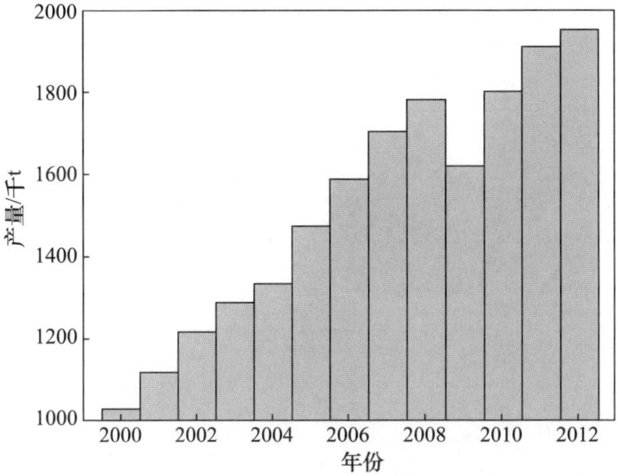

图2.1 2000年以来欧洲无纺布生产的演变图

2.2 无纺布介质制造工艺

无纺布介质的制造大致可分为两个步骤：无纺布网的形成和加固。纤维的性质和性能将影响其机械、化学和热性能以及介质在不同湿度下的性能表征（表2.1）。

表2.1 不同纤维的性能表征[PUR 02,WAK 99]

种类	密度/(g/cm^3)	温度阻力			腐蚀阻力			水解阻力	磨损阻力	可燃性	破裂阻力/(kg/mm^2)
		干燥加热		潮湿加热/℃	酸性	碱性	有机溶剂				
		连续加热温度/℃	温度峰值/℃								
尼龙6		100	120	70	−	+	+	0	++	是	4~5
尼龙11	1.04										
尼龙66	1.17										
芳香族尼龙	1.04	200/220	230/260	水解	−	+	+	0	++	否	5~6
聚酯	1.28~1.38	130/180	160/170	水解	+	0	+	−	++	是	6~8
聚丙烯	0.91	90/100	120	90~100	+	+	+	++	+	是	6~8
聚丙烯腈		130	140	120~140	+	0	+	+	0	是	4~6
聚氯乙烯	1.40	60~70	70~80	60~70	++	+	0	+	0	否	1~4

续表

种类	密度/(g/cm^3)	温度阻力			腐蚀阻力			水解阻力	磨损阻力	可燃性	破裂阻力/(kg/mm^2)
		干燥加热		潮湿加热/℃	酸性	碱性	有机溶剂				
		连续加热温度/℃	温度峰值/℃								
聚亚苯基硫化物	1.37	190	230		+ +	+ +	+	+ +	0	否	3 ~ 4
聚四氟乙烯	2.30	240	280		+ +	+ +	+	+ +	-	否	1.5
玻璃纤维	2.50 ~ 2.55	280	300		+	-	+	+ +	-	否	3 ~ 7
不锈钢纤维		450			易变	+	+	+ +		否	3 ~ 5

注:表中“ - ”表示“差”,“0”表示可接受,“ + ”表示“好”,“ + + ”表示非常好。

2.2.1 丝网结构形成

用于气溶胶过滤的无纺布的生产工艺有干法成网、湿法成网、气流成网法、纺丝成网法。与纺丝成网法使用颗粒状的聚合物不同,其他方法使用的是间接输送的纤维。

2.2.1.1 干法成网

干法成网使用的技术与纺织工业使用的相同。在成网过程中,纤维(长度为 10 ~ 500μm)先是沉积在传送带上形成纤维层,然后经过梳理形成纤维网。梳理机可以对纤维进行分离并使其定向排布。扰动辊可以让纤维网更加各向同性。以这种方式形成的纤维网通常需要专门的铺叠,然后再通过针刺、水刺,甚至是热处理来为其加固(见 2.2.2 节)。

2.2.1.2 湿法成网

湿法成网也称为“造纸工艺”,是最不常用的一种。只有 6% 的无纺布是用这种方法生产的。这种方法主要是利用悬浮在水介质表面的纤维素纤维或玻璃纤维沉积来形成纤维层。首先将纤维素纤维或玻璃纤维悬浮在水介质中制成悬浮浆。然后将悬浮浆输送到排水带后将水滤去,使悬浮的纤维形成纤维垫。用这种方法获得的纤维网是随机定向的。利用这种工艺制成的无纺布介质在各向同性和均匀性方面性能更佳。因此,正如 Payen[PAY 13] 文献中描述的那样,通过这种方式得到无纺布主要用于高效过滤。

2.2.1.3 气流成网法

气流成网法首先将纤维分散在气流中,然后通过带孔的旋转圆筒或分配系统使其在传送带上形成一张纸状纤维网。所使用的纤维必须短于那些用于干法成网的纤维。

2.2.1.4 纺丝成网法

纺丝成网法广泛用于大规模生产中。纺丝成网法使用了两种技术:纺黏法和熔喷法。纺黏法首先将一个颗粒状的聚合物(主要是聚丙烯(PP)或聚对苯二甲酸乙二醇酯(PET))挤压,然后纺成一缕细丝。在纺黏过程中,纺成的丝被冷却、拉伸并沉积在传送带上。其中,纤维的长度一般为 10 ~ 50μm。熔喷过程是将热空气吹到冷却前的聚合物上以达到使纤维收缩的目的(0.6 ~ 10μm)。熔喷法形成的纤维直径和性能受喷丝孔直径、拉伸比、聚合物的不同熔合温度以及接收网、空气和熔喷设备温度的影响。图 2.2 给出了使用熔喷技术得到的无纺布在不同放大倍率下的图例。

图 2.2 用扫描电子显微镜(SEM)观察到的熔喷工艺无纺布

2.2.2 纤维层/网的加固

为了使形成的纤维层内产生一定的内聚力,纤维层/网的加固是一个必要的步骤。纤维层/网的加固工艺可以分为机械加固、热黏结加固和化学黏结加固。

2.2.2.1 机械加固过程

针刺和水刺是机械加固过程中经常使用的两种技术。针刺技术是将纤维层送入针刺机的两板之间,其中一个板子上装有成千上万个带倒刺的针;另一个板子上则有与针数量相对应的孔。利用带倒刺的针可以抓取上层的纤维并将其穿过下层,使纤维相互缠绕在一起,从而保证其有良好的整体黏结力。在水刺技术中,利用高压水射流来代替针刺技术中的针,借助水射流的作用,将纤维缠绕在一起。与针刺技术相比,水刺技术的优点是可以生产出更柔软、更紧凑的无纺布产品[PAY 13]。

2.2.2.2 热黏结加固过程

热轧黏结是在一定的压力和温度下进行的一种热黏结加固过程,且每种纤维对应的温度不同。纤维层的压缩和加热是由两个轧辊和烘箱来实现的。

2.2.2.3 化学黏结加固过程

一种以乙烯基或丙烯酸基为基材的液体聚合物黏结剂通常通过粉碎、浸渍、涂布等方式加入纤维网中,然后经过热处理干燥蒸发,黏结剂聚合会使纤维层加固。

2.2.3 特殊工艺

为了赋予纤维介质某些特殊性质,可以对其进行额外的处理。

(1) 化学处理:使用不同的物质(聚四氟乙烯、硅胶树脂、疏水剂等)在纤维周围形成一个保护层,以增强纤维的化学抗性或赋予其特定的特性(如使其具有疏水性、疏油性、抗炎性)。

(2) 抗静电处理:将纤维或导线(金属、石墨等材质)以较小的比例加入,并均匀分布于纤维结构中。这样处理可降低纤维结构的电阻率,从而得到防静电的介质。

(3) 封装:为了使介质具有某些特性,可以在介质中加入微胶囊或纳米胶囊(香料、活性炭等)。这项技术目前正在开发中。

2.2.4 小结

图 2.3 对用于过滤气溶胶的无纺布介质的不同制造方法进行了归纳总结。

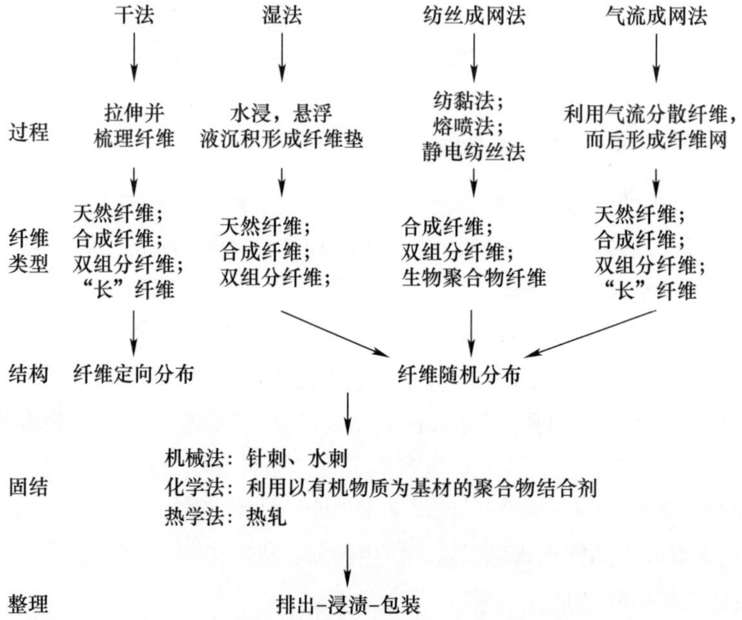

图 2.3 用于过滤气溶胶的无纺布介质的不同制造方法

2.3 超性能纤维开发

小直径的纤维(超细纤维、纳米纤维)和带有电荷的纤维(驻极体纤维)的使用,甚至仅在很小的一部分使用,都有助于提高纤维介质的过滤效率(见第4章)。如今有不同的技术来生产这种纤维。

2.3.1 驻极体纤维

驻极体是一种具有准永久性电极化状态的介电材料。它的极化与表面上或体积内的实际电荷有关,或与固定在物质体上的定向偶极子有关[TAB 11]。在后一种情况下,当材料被加热到熔化或软化的温度,并置于电场中时,就会产生偶极取向。在环境温度下回火可以实现某个偶极取向的固化。有几种技术可以令驻极体带实际电荷,如电晕放电和电子注入[MIC 87]。

2.3.2 静电纺丝

尽管静电纺丝技术是在20世纪开发的,但直到21世纪人们对纳米纤维及其新的应用再次产生兴趣的时候,静电纺丝技术才有了真正的发展[KHE 10],特别是在气溶胶过滤领域[YUN 07,HUN 11,WAN 15,MAT 16]。静电纺丝的基础是利用电荷将聚合物射流抽出合成纤维,合成的纤维直径在几纳米到几微米之间。这一过程是通过在注射器的毛细管和收集器之间施加高电压差来实现的。在注射器中充满浓缩聚合物溶液,这个电压差将导致聚合物的连续流动。通过施加足够强的电场,溶液的表面能(溶液的黏弹性)被静电斥力所取代。溶液被射出毛细管,然后蒸发或凝固,最后以超细纤维的形式沉积到收集器上。在过滤过程中,考虑到上述过程中形成的纳米纤维薄片的机械阻力较低,可以将薄片沉积在纤维支撑上,以保证更高的机械阻力。

2.3.3 特种纤维

在纺丝技术中允许共挤压聚合物,以获得多组分纤维,主要有如下两种方法。

(1)“饼-楔”纤维:由一定数量的聚合物扇区组成。根据扇区的数量不同,扇区的尺寸在1~6μm之间变化,如图2.4(a)所示。在纤维层的加固阶段,通过机械作用将不同的扇区分开。聚合物组合的选择是促进这种分离的一个重要因素,如聚酯/聚酰胺组合或PP/聚乙烯组合。

(2)“海中岛”纤维:其成分可通过化学作用、溶解聚合物基质或机械地利用水射流来分解(图2.4(b))。在这些多组分纤维被物理或化学分解后,可以得到直径更小的纤维。目前,分解得到的纤维直径的最小值约为0.2μm。

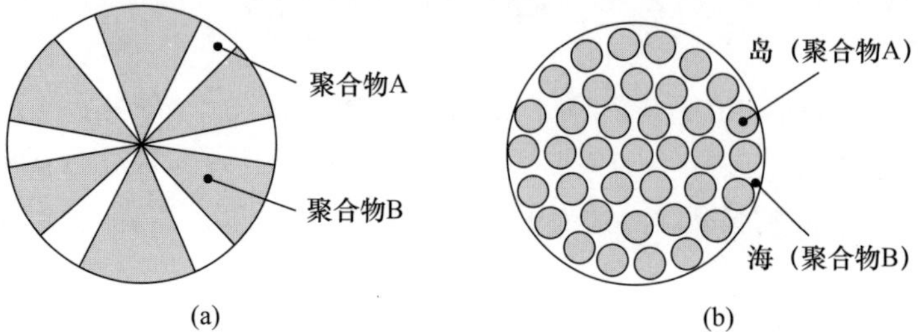

图2.4 双组分纤维
(a)"饼-楔"纤维;(b)"海中岛"纤维。

使用多组分纤维使得在不改变当量直径的情况下增加特定面积成为可能。必须指出的是这类多组分过滤介质目前正处于发展中。

2.4 纤维介质的表征

2.4.1 容重

纤维介质的制造商使用容重 G 来表征其结构。定义容重为单位面积纤维介质的质量,通常其单位用 g/m^2 表示。在评估过滤器的过滤性能时,更倾向于使用"填充密度"一词,这时容重这一参数就不太重要了。

2.4.2 厚度

过滤介质的厚度 Z 是纤维介质的一个重要表征参数,它在一定程度上决定了过滤性能,但确定纤维介质的厚度是非常困难的。纤维介质厚度测量的标准技术(ISO 9073-2:1995)是使用千分尺,然而千分尺往往会在测量过程中挤压介质。

还有一些其他的测量技术,如用显微镜直接测量或通过毛细管自吸来间接测量,但这些方法也存在一些问题。对介质厚度进行可视化观察需要专门的知识,以便根据观察结果正确地放置过滤器,从而减少区域深度或试样倾斜等因素对测量的影响。此外,准备标本时需要在纤维介质上做一个切口,这会导致纤维介质局部变平,这种改变可能是暂时性的,也可能是永久性的。最后,要得到一个平均厚度值,需要从统计学的角度分析大量的样本,而需要的样本量可能过大以至于无法实际得到。另一种方法是利用毛细自吸或沃氏试验[WAS 21],假设孔隙在饱和状态下被试验液体完全填满并且纤维介质没有膨胀,样品的平均厚度可以通过下式计算：

$$Z=\frac{G}{\rho_{\mathrm{Fi}}}\left(\frac{m_1\rho_{\mathrm{Fi}}}{m_{\mathrm{Fi}}\rho_1}+1\right) \tag{2.1}$$

式中：m_{Fi}为纤维的质量(kg)；ρ_{Fi}为纤维的密度(kg/m^3)；m_1为饱和液体的质量(kg)；ρ_1为液体的密度(kg/m^3)。

但是，这种测量技术的准确性取决于使用的试验液体。

2.4.3 填充密度

填充密度 α 是纤维的体积与纤维介质的体积之比。在气溶胶过滤领域中，纤维介质的填充密度大多低于20%～30%。填充密度可以由容重 G(g/m^2)、过滤介质的厚度 Z(m)和纤维的密度 ρ_{Fi}(kg/m^3)确定，即

$$\alpha=\frac{10^{-3}G}{Z\rho_{\mathrm{Fi}}} \tag{2.2}$$

用式(2.2)确定的填充密度仍然是一个平均值。Bourrous 等[BOU 14]开发了一种可以克服与厚度和质量测量相关的不确定性的方法。该方法将过滤介质包覆在树脂中，并对其边缘进行抛光，通过扫描电子显微镜进行观察。将观察结果与分析纤维的化学元素特性(如玻璃纤维中的硅)的能量色散 X 射线(EDX)相结合，以检查局部和平均的填充密度。

上述这种方法使获得纤维介质厚度方向的填充密度剖面成为可能(图2.5)。若要获得纤维介质堆积密度的平均值，同样需要对大量样品进行分析。

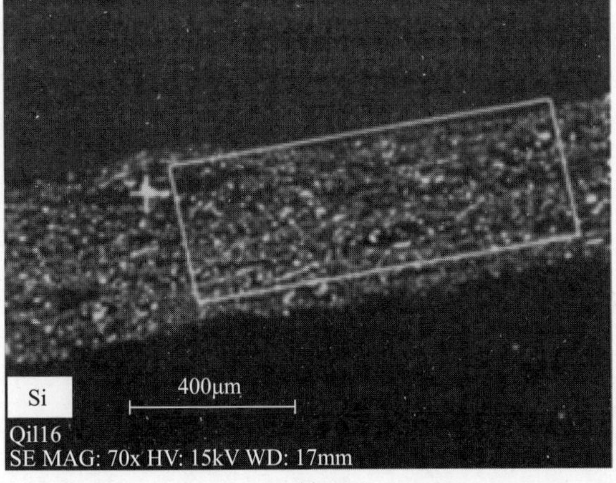

(a)

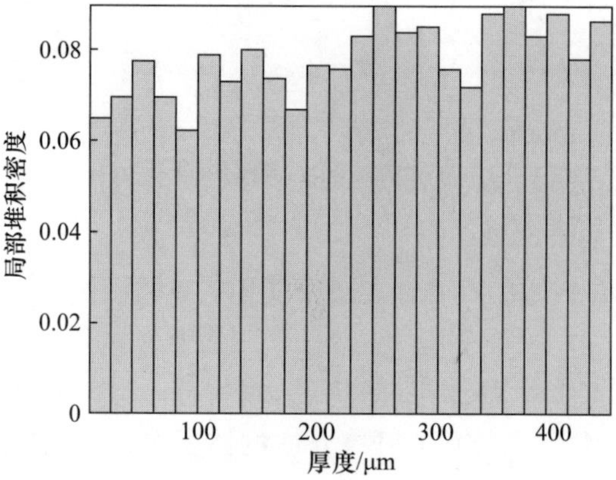

(b)

图 2.5　使用 EDX 分析确定局部填充密度

(a)玻璃纤维介质厚度中硅元素的 EDX 制图;(b)介质堆积密度分布图。

基于 X 射线的显微切片技术具有非破坏性和非侵入性的特点,而且可以重建一个高分辨率的三维图像样本进行分析,所以近年来已被广泛用于表征多孔介质[MOR 10]。这种技术基于不同材料对 X 射线吸收衰减的差异来确定初始过滤器的填充密度,最早由 Charvet 等研究(图 2.6)[CHA 11]。

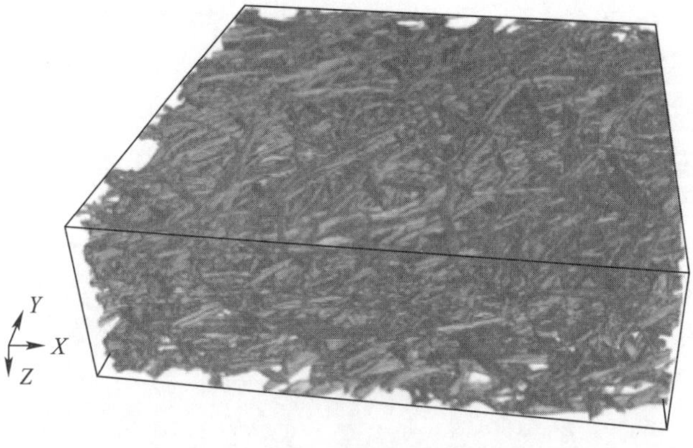

图 2.6　纤维过滤器的三维可视化图

2.4.4 纤维直径

纤维直径仍然是决定纤维过滤器性能最重要的变量之一。但是,在纤维介质工业中却很少对其进行测量,因为对纤维或丝线的细度测量是首选。纤维细度的标准单位是特克斯(tex),其定义为 1000m 的导线或光纤的质量(以 g 为单位)。需要指出的是,细度最常用的单位是分特克斯(dtex)。在英语国家中,丹尼尔(Denier)是最常用的细度单位,它表示每 9000m 丝线的质量(以 g 为单位)。该量度使人们能根据与纤维或丝线的密度相关的信息推导得到纤维直径。容易证明:

$$d_f = \sqrt{\frac{4\text{Value}}{10^7 \pi \rho_{Fi}}} \tag{2.3}$$

其中:Value 为纤维细度的测量值(dtex)。

图 2.7 给出了用分特克斯(dtex)表示的细度测量值与不同纤维密度值下纤维的平均直径之间的对应关系。

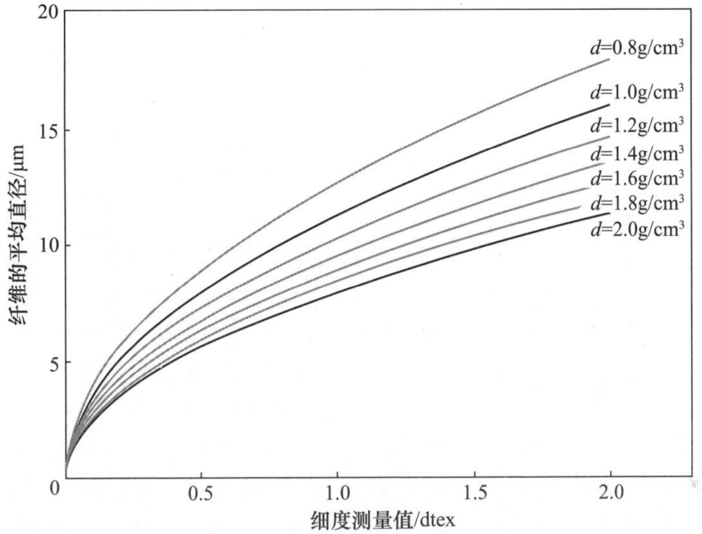

图 2.7　不同纤维密度值(d)下纤维的平均直径与细度测量值关系

2.5　从纤维丝网到过滤器

纤维介质必须满足特定的标准和基于应用目标的性能。

2.5.1　呼吸防护设备

针对防护面罩,需要产品既具有较低的流体流通阻力又对呼吸过程具有相当高的过滤效率,以起到有效的保护作用。呼吸面罩的制造通常采用纺黏层-熔喷纤维层-纺黏层组合,熔喷纤维层的数量是可变的,数量的多少取决于面罩的制造商和面罩的应用领域。颗粒优先被熔喷纤维层捕获,纺黏层使熔喷纤维层具有一定的刚性。其中,聚合物主要有聚丙烯、聚对苯二甲酸聚丁二烯和

PET。相关材料的加固主要依靠热轧法。半罩过滤式防毒面具依据 ISO EN 149 标准(表 2.2)进行测试,采用两种中值粒径为 0.6μm 的参照气溶胶(一种是液态的,一种是固态的),保持流速为 0.2m/s,对应着 95L/min 的呼吸速率。呼吸面罩分为 3 类,从 FFP1 到 FFP3(FFP 是过滤面罩)。压降是用户呼吸舒适度的特征参数,它由 3 种不同的速率决定,即 30L/min、95L/min 和 160L/min,这 3 种速率应该与不同的呼吸速率有关。口罩戴在脸上时的密封程度也是一个重要的参数,因为泄漏会降低口罩过滤的有效性。最后,还在标准条件下评估了通过阻塞过滤器的压降。FFP3 的最终压降不得超过 500Pa。目前,可以对呼吸面罩添加特定的性能(如抗菌性能)。

表 2.2 根据 EN 149 标准对呼吸面罩进行分类

最低效率		最大泄漏量/%	呼吸压降/Pa		
$d_p = 0.6\mu m$			30L/min	60L/min	90L/min
FFP1	80	22	60	210	300
FFP2	94	8	70	240	300
FFP3	99	2	100	300	300

2.5.2 空气通风过滤器

在欧洲,空气过滤器有两个标准,分别是 2012 年修订的 EN 779—2002 标准(粗(G)和细(F)过滤器)以及 EN 1822—2009 标准(高效微粒空气(HEPA)过滤器和超低渗透空气(ULPA)过滤器)。EN 779 标准采用 F 型过滤器在零静电荷条件下进行测试,根据在最易穿透粒径范围内(约为 0.4μm)的去除效率来对其性能进行评价(见 4.4 节)。F5 和 F6 过滤器作为一种“介质”被重命名为 M5 和 M6。细过滤器最大压降为 450Pa,粗过滤器最大压降为 250Pa。测试细过滤器的首选气溶胶种类是癸二酸二乙基己酯,而测试粗过滤器的首选是标准合成粉尘 ASHRAE -52.1。

在 EN 1822 标准中,过滤器分为 3 组:①EPA(E 组),有效颗粒空气过滤器;②HEPA(H 组),高效颗粒空气过滤器;③ULPA(U 组),超低渗透空气过滤器。

根据过滤效率对不同组过滤器进行分类。必须指出的是,对于 H 和 U 两组,除了考虑针对最易穿透粒径的总体去除效率外,还要考虑局部去除效率。

表 2.3 和表 2.4 提供了关于不同分类的过滤器的资料。

表 2.3 根据 EN 779 标准对空气过滤器进行分类

过滤器种类	过滤级别	质量效率 A_m/%	平均效率 E_m/%(最易穿透粒径)
G	G1	[50,65)	—
	G2	[65,80)	—
	G3	[85,90)	—
	G4	[90,100)	—
M	M5	—	[40,60)
	M6	—	[60,80)
F	F7	—	[80,90)
	F8	—	[90,95)
	F9	—	[95,100)

表 2.4 根据 EN 1882 标准对空气过滤器进行分类

过滤器种类	过滤级别	质量效率 A_m/%	平均效率 E_m/%
E	E10	[85,100)	—
	E11	[95,100)	—
	E12	[99.5,100)	—
H	H13	[99.95,100)	[99.75,100)
	H14	[99.995,100)	[99.975,100)
U	U15	[99.9995,100)	[99.9975,100)
	U16	[99.99995,100)	[99.99975,100)
	U17	[99.999995,100)	[99.9999,100)

根据所需的过滤效率或符合规范要求的过滤效率,可以确定不同的介质和实施方式。

1) G 类或 M 类过滤器

这些“初效”或“中效”的过滤器主要用于第一级空气过滤,以保护后续环节中更敏感的过滤器,这些过滤器的主要目的是阻止具有高惯性的颗粒通过。

2) F 类过滤器

这些过滤器通常是用玻璃纤维或纤维素构成的褶皱介质,或装在框架上以口袋形式使用的介质构成。具有褶皱或口袋的过滤器相较平面过滤器增加了过滤表面。因此,袋式过滤器(图 2.8)具有较高的堵塞容量和较低的运行成本。

3) 高效节能过滤器

这种过滤器所使用的介质通常是由玻璃纤维利用黏结剂或混合纤维素结合在一起构成的。高效节能过滤器中的过滤介质在竖直截面上都以褶皱形式分布。

图 2.8　袋式过滤器实例

2.5.3 进气系统过滤器

对于进气系统,通常将 G 类和 F 类滤网叠加。"清洁空气"层是一个经过梳理的水刺无纺布。这些过滤器利用褶皱是为了以最小的体积呈现最大的过滤面积。这些过滤器的总效率约为 99%,考虑到汽车的寿命,过滤器的预期寿命往往会限制其更换的数量。

参考文献

[BOU 14] BOURROUS S., BOUILLOUX L., OUF F. – X. *et al.*, "Measurement of the nanoparticles distribution in flat and pleated filters during clogging", *Aerosol Science and Technology*, vol. 48, no. 4, pp. 392 – 400, 2014.

[BRO 12] BROWAEYS C., "Les non-tissés se font performants, de pair avec les textiles techniques", Institut Français de la Mode, 2012.

[CHA 11] CHARVET A., ROSCOAT S. R. D., PERALBA M. *et al.*, "Contribution of synchrotron X-ray holotomography to the understanding of liquid distribution in a medium during liquid aerosol filtration", *Chemical Engineering Science*, vol. 66, no. 4, pp. 624 – 631, 2011.

[HUN 11] HUNG C. – H., LEUNG W. – F., "Filtration of nano-aerosol using nanofiber filter under low Peclet number and transitional flow regime", *Separation and Purification Technology*, vol. 79, no. 1, pp. 34 – 42, 2011.

[KHE 10] KHENOUSSI N., Contribution l'étude et à la caractérisation de nanofibres obtenues par électrofilage: Application aux domaines médical et composite, PhD thesis, University of Haute-Alsace, 2010.

[MAT 16] MATULEVICIUS J., KLIUCININKAS L., PRASAUSKAS T. *et al.*, "The comparative study of aerosol filtration by electrospun polyamide, polyvinyl acetate, polyacrylonitrile and cellulose acetate nanofiber media", *Journal of Aerosol Science*, vol. 92, pp. 27 – 37, 2016.

[MIC 87] MICHERON F., "Electrets", *Techniques de l'ingénieur*, no. E1893, 1987.

[MOR 10] MORENO - ATANASIO R. , WILLIAMS R. A. , JIA X. , "Combining X-ray microtomography with computer simulation for analysis of granular and porous materials", *Particuology*, vol. 8, no. 2, pp. 81 - 99, 2010.

[NEC 11] NECKAR B. , DAS D. , *Theory of Structure and Mechanics of Fibrous Assemblies*, Woodhead Publishing India Ltd. , 2011.

[PAY 13] PAYEN J. , "Matériaux non tissés", *Techniques de l'ingénieur Textiles traditionnels et textiles techniques*, vol. TIB572DUO. , no. N4601, 2013.

[PUR 02] PURCHAS D. B. , SUTHERLAND K. , *Woven Fabric Media*, 2nd ed. , Elsevier, 2002.

[RUS 06] RUSSELL S. , *Handbook of Nonwovens*, Elsevier, 2006.

[TAB 11] TABTI B. , Contribution à la caractérisation des filtres électrets par la mesure du déclin de potentiel de surface, PhD thesis, University of Poitiers, 2011.

[WAK 99] WAKEMAN R. J. , TARLETON E. S. , *Filtration: Equipment Selection, Modelling and Process Simulation*, 1st ed. , Elsevier, 1999.

[WAN 15] WANG Z. , PAN Z. , "Preparation of hierarchical structured nano-sized/porous poly (lactic acid) composite fibrous membranes for air filtration", *Applied Surface Science*, vol. 356, pp. 1168 - 1179, 2015.

[WAS 21] WASHBURN E. W. , "The dynamics of capillary flow", *Physical Review*, vol. 17, no. 3, 1921.

[YUN 07] YUN K. , HOGAN JR. C. , MATSUBAYASHI Y. *et al.* , "Nanoparticle filtration by electrospun polymer fibers", *Chemical Engineering Science*, vol. 62, no. 17, pp. 4751 - 4759, 2007.

第 3 章

纤维介质的初始压降

压降是选择过滤器时最重要的因素之一。任何新型过滤介质的设计目标通常都是将这个参数最小化,从而使给定效率下的能量消耗最小化。过滤器的压降部分依赖于纤维介质的内部结构(厚度、纤维尺寸分布、填充密度、黏结剂等)以及它的外部结构,即介质的形状(褶皱)。本章专门讨论纤维介质的初始压降(在没有过滤行为,因而也没有阻塞的情况下),提出不同的压降评估方法,并研究介质的非均匀性和褶皱对该参数的影响。

3.1 平面纤维介质的压降

纤维介质是一种多孔介质,它对穿过的流体会产生阻力,从而导致了过滤器的进出平面处总压强的不同,称为压降。因为通常不考虑动能和势能的变化,所以压降相当于过滤介质的两个部分的静压强之差。压降是表征过滤介质性能的重要参数,因为它反映了流体和纤维之间的摩擦和俘获颗粒带来的能量耗散。此外,压降还是评估过滤器寿命的决定因素,压降的时间演变(与堵塞有关)可能使其难以维持通风速率甚至会带来机械阻力问题。当压降超过一定值时,可以观察到纤维介质不可逆的退化。

根据过滤器的特性和流动的性质,有一些通用的规律可以用来估计过滤器的压降。达西定律[DAR 56]是最常用的定律,它来源于 19 世纪中叶达西对沙床水流的实验研究。在定常流动中,压力梯度与通过厚度为 Z 的多孔介质的流速呈线性关系,假设介质在 Z 方向上为均匀各向同性,则有

$$\frac{\Delta P}{Z}=\frac{1}{\kappa}\mu U_{\mathrm{f}} \tag{3.1}$$

式中:κ 为过滤介质渗透率;μ 为流体的动力黏度;U_{f} 为过滤速度。

虽然这一定律基于液体实验得出,但对穿过多孔介质的气流也有效,更一般

地，只要流体可以认为是不可压缩的就可使用该定律。该定律的应用取决于流体的流态，而流态则以基于纤维填充密度的特征参数来表征。

当 $\alpha > 0.2$ 时，孔隙的雷诺数：

$$Re_{\text{pore}} = \frac{\rho U_{\text{f}}}{\mu \alpha a_{\text{f}}} \tag{3.2}$$

当 $\alpha < 0.2$ 时，纤维的雷诺数：

$$Re_{\text{f}} = \frac{\rho U_{\text{f}} d_{\text{f}}}{\mu(1-\alpha)} \tag{3.3}$$

式中：a_{f} 为直径为 d_{f} 的纤维的比表面积。

根据雷诺数的类型和雷诺数的取值范围，可以确定不同的流态（表 3.1）。

表 3.1　流态

层流	过渡区	湍流	作者
$Re_{\text{pore}} < 180$	$180 < Re_{\text{pore}} < 900$	$900 < Re_{\text{pore}}$	Seguin 等[SEG 98] Comiti 等[COM 00]
$Re_{\text{f}} < 1$	$1 < Re_{\text{f}} < 1000$	$1000 < Re_{\text{f}}$	Davies[DAV 73] Dullien[DUL 89] Renoux 和 Boulaud[REN 98]

对于高流速区，流动不完全是黏性的，可以用弗奇海默（Forchheimer）定律来计算[FOR 01]。这个定律在达西定律的基础上增加了一个非线性项，考虑了平均流动方向突然改变时产生的惯性影响：

$$\frac{\Delta P}{Z} = \frac{1}{\kappa}\mu U_{\text{f}} + \frac{\rho_{\text{f}}}{\kappa_{\text{f}}}\mu U_{\text{f}}^2 \tag{3.4}$$

式中：κ_{f} 为弗奇海默渗透率。

由于过滤过程中大多数流动是层流，达西定律仍然是最广泛适用的定律。一些学者将过滤介质的渗透率与纤维的直径和介质的填充密度函数 $f(\alpha)$ 相关联：

$$\frac{\Delta P}{Z} = \frac{4f(\alpha)}{d_{\text{f}}^2}\mu U_{\text{f}} \tag{3.5}$$

则

$$\kappa = \frac{d_{\text{f}}^2}{4f(\alpha)} \tag{3.6}$$

式中，$f(\alpha)$ 通常是基于曳力计算的，代表运动流体中单位面积纤维受到的力。这个函数可以根据纤维相对于气流的排布来确定。

3.1.1 基于流动性质的 $f(\alpha)$ 模型

1986 年，Jackson 和 James[JAC 86]针对 $f(\alpha)$ 的模型进行全面广泛的调查研究，并基于气流相对于纤维的流动方向对这些模型进行了分类，具体分为以下 3 类：

(1) 流动方向平行于纤维条件下的理论模型；

(2) 流动方向垂直于纤维条件下的理论模型；

(3) 流体流过随机排布的纤维时的经验模型。

3.1.1.1 平行于纤维的流动

表 3.2 给出了当气流与纤维平行时，对于不同的纤维排列的 $1/f(\alpha)$ 的表达式。

表 3.2 当气流平行于纤维时不同的纤维排列方式下 $1/f(\alpha)$ 的表达式

作者	$1/f(\alpha)$	排列方式
Langmuir[LAN 42] Happel[HAP 59]	$\frac{1}{4\alpha}\left(-\ln\alpha-\frac{3}{2}+2\alpha-\frac{\alpha^2}{2}\right)$	—
Drummond 和 Thair[DRU 84]	$\frac{1}{4\alpha}\left[-\ln\alpha-1.476+2\alpha-\frac{\alpha^2}{2}+o(\alpha^4)\right]$	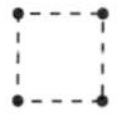 正方形
	$\frac{1}{4\alpha}\left[-\ln\alpha-1.498+2\alpha-\frac{\alpha^2}{2}+o(\alpha^6)\right]$	 三角形
	$\frac{1}{4\alpha}\left[-\ln\alpha-1.354+2\alpha-\frac{\alpha^2}{2}+o(\alpha^3)\right]$	 六边形
	$\frac{1}{4\alpha}\left[-\ln\alpha-1.130+2\alpha-\frac{\alpha^2}{2}-1.197\alpha^2+o(\alpha^3)\right]$	 矩形

在图 3.1 中给出了填充密度值小于 50% 的情况下，$1/f(\alpha)$ 函数值的变化趋势。在填充密度高于 10% 时，可以看出各计算关联式的计算结果间出现明显的偏差，而且随着 α 值的增加，偏差逐渐增大。Langmuir[LAN 42]和 Happel[HAP 59]研究得到的预测值与 Drummond 和 Tahir[DRU 84]给出的三角形排列的值相对应。对于 Drummond 和 Tahir 的模型来说，矩形和六边形的排列方式，以及正方形和三角形的排列方式所对应的计算模型预测值比较接近，只在填充密度大于 45% 后存在一点偏差。

3.1.1.2 垂直于纤维的流动

气体流动方向垂直于纤维时，对于不同的纤维排列的 $1/f(\alpha)$ 的表达式也有多种，如表 3.3 所列。

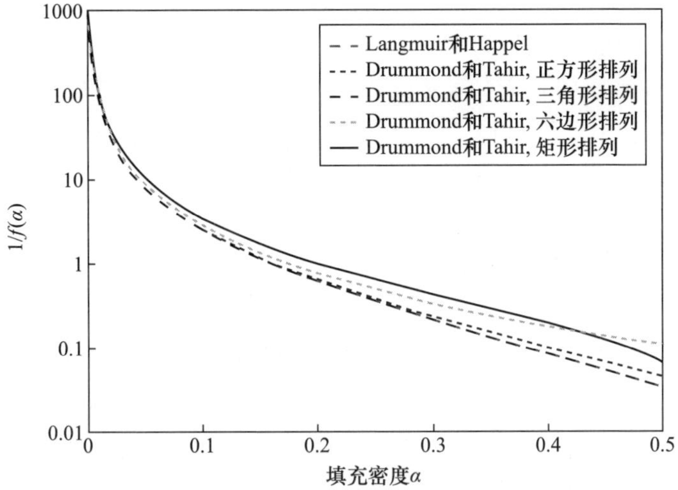

图 3.1 气流平行于纤维时,不同纤维排列方式下 $1/f(\alpha)$ 随填充密度的变化

表 3.3 当气流垂直于纤维时不同的纤维排列方式下 $1/f(\alpha)$ 的表达式

作者	$1/f(\alpha)$	备注/排列方式
Happle[HAP 59]	$\frac{1}{8\alpha}\left(-\ln\alpha+\frac{\alpha^2-1}{\alpha^2+1}\right)$	—
Kuwabara[FUW 59]	$\frac{1}{8\alpha}\left(-\ln\alpha-\frac{3}{2}+2\alpha\right)$	—
Fuchs 和 Stechkina[FUC 63]	$\frac{1}{8\alpha}\left(-\ln\alpha-\frac{3}{2}\right)$	Kuwabara 表达式的近似
Hasimoto[HAS 59]	$\frac{1}{8\alpha}[-\ln\alpha-1.476+2\alpha+o(\alpha^2)]$	—
Sangani 和 Acrivos[SAN 82]	$\frac{1}{8\alpha}[-\ln\alpha-1.476+2\alpha-1.774\alpha^2+4.076\alpha^3+o(\alpha^4)]$	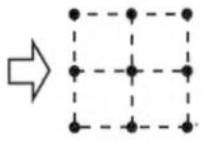 正方形
	$\frac{1}{8\alpha}\left[-\ln\alpha-1.490+2\alpha-\frac{\alpha^2}{2}+o(\alpha^4)\right]$	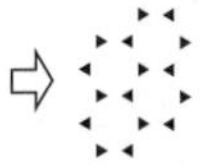 六边形
Drummond 和 Tahir[DRU 84]	$\frac{1}{8\alpha}[-\ln\alpha-1.476+2\alpha-1.774\alpha^2+o(\alpha^3)]$	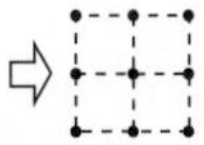 正方形

49

与气流平行于纤维的流动一样，当填充密度高于 10%，不同关系式得到的函数值开始出现很显著的区别（图 3.2）。在过滤过程中常见的纤维介质 α 取值范围内，Fuchs 和 Stechkina 的关系式[FUC 63]以及 Drummond 和 Tahir[DRU 84]的关系式会产生负的和不合理的 $1/f(\alpha)$ 值，而不同正方形和六边形的排列方式似乎并不影响无量纲渗透率的值。

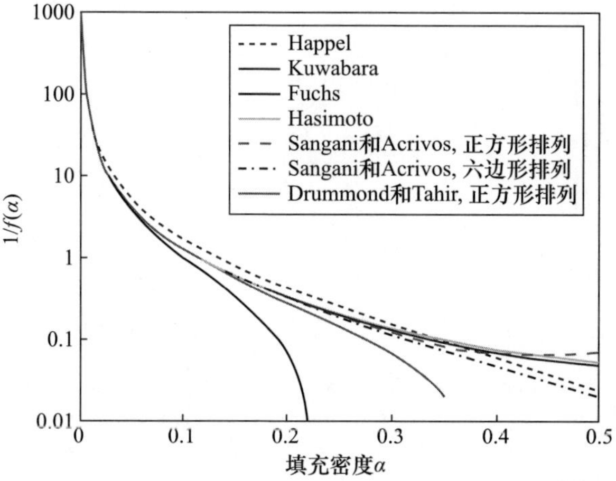

图 3.2 气流垂直于纤维时，不同纤维排列方式下 $1/f(\alpha)$ 随填充密度的变化

3.1.1.3 流体通过随机排列的纤维

与上一节中介绍的关系式相比，流体通过随机排列的纤维时无量纲渗透率计算式在本质上既是有理论依据的又是依靠经验得到的。

图 3.3 给出列在表 3.4 中不同关系式的对应曲线。从图中可以明显看

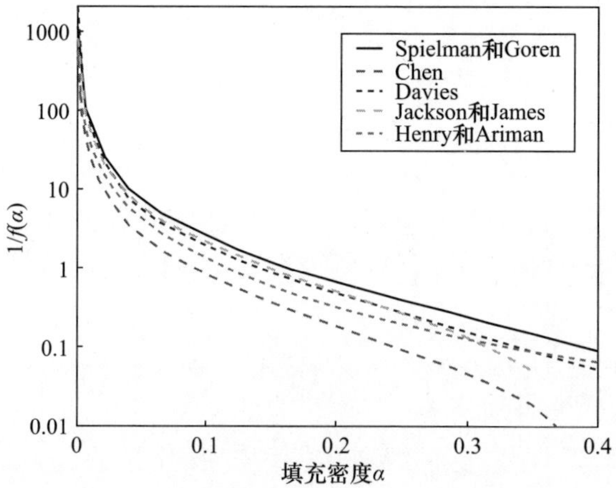

图 3.3 纤维随机排列时，无量纲渗透率随填充密度的变化

出,当填充密度值不大于 0.3 时,Davies[DAV 73]与 Jackson 和 James[JAC 86]关系式的计算值非常接近。至于前面提到的其他关系式,可以看出不同关系式的计算值之间的差别随着 α 增加而增大。Chen[CHE 55]的关系式计算出的无量纲渗透率总是最小,Spielman 和 Goren[SPI 68]的关系式计算出的无量纲渗透率总是最大。后者与前者的比值介于 3(对应 2% 的填充密度)和 8(对应 35% 的填充密度)之间。

表 3.4　纤维随机排列时 $1/f(\alpha)$ 的表达式

作者	表达式	备注
Chen[CHE 55]	$\frac{1}{f(\alpha)}=\frac{\pi\ln(C_1\alpha^{-1/2})(1-\alpha)}{4\alpha C_2}$	经验模型,C_1 和 C_2 取决于纤维的方向,根据实验数据 $C_1=0.64$,$C_2=6.1$
Spielman 和 Goren[SPI 68]	$\frac{1}{4\alpha}=\frac{1}{3}+\frac{5}{6}f(\alpha)^{-1/2}\frac{K_1[\sqrt{f(\alpha)}]}{K_0[\sqrt{f(\alpha)}]}$	当 $\alpha<0.75$ 时的理论公式,贝塞尔函数 K_1 和 K_0 分别按 0 和 1 的顺序修改
Davies[DAV 73]	$\frac{1}{f(\alpha)}=\frac{1}{16\alpha^{3/2}(1+56\alpha^3)}$	当 $0.006<\alpha<0.3$ 时的经验模型
Jackson 和 James[JAC 86]	$\frac{1}{f(\alpha)}=\frac{3}{20\alpha}[-\ln\alpha-0.931+o(\ln\alpha)^{-1}]$	当 $\alpha<0.25$ 时的理论模型
Henry 和 Ariman[HEN 83]	$\frac{1}{f(\alpha)}=\frac{1}{2.446\alpha+38.16\alpha^2+138.9\alpha^3}$	理论模型

3.1.2 模型与实验结果的比较

为评价不同模型的有效性,将无量纲渗透率的计算值与 Jackson 和 James 研究[JAC 86]的实验数据进行了比较。为了使比较尽可能详尽,这些模型包括各种各样的纤维排布。如图 3.4 所示,通过比较不同模型之间的差异以及实验数据与模型之间的差别可以看出,最显著的差别出现在填充密度范围的两端($\alpha<0.01$ 和 $\alpha>0.4$),而且明显可以看出所有可用模型都低估了渗透率值。最可靠的似乎是 Jackson 和 James 的模型[JAC 86],然而当填充密度超过 0.4 时,该模型也会给出负的计算值,这一点与 Drummon 和 Tahir 模型相似[DRU 84]。我们还可以看到,Davies 模型[DAV 73]与 Jackson 和 James 模型[JAC 86]没有显著差异。

然而,所有这些结果都存在“内在的不确定性”,因为用于得出这些实验结果的所有信息并非都是可获得的,对于实验测量所用的过滤器结构的相关信息更是如此。另外,模型和实验之间的巨大差异也可以归因于以下几点:

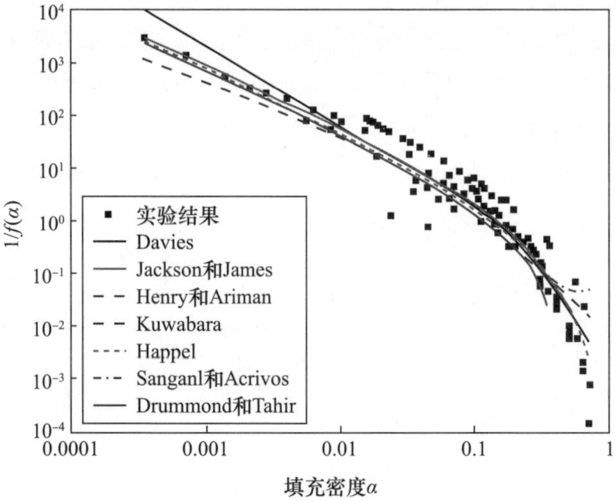

图 3.4　不同模型和实验结果的比较

(1) 纤维的多分散性,其空气动力学行为不可能仅使用平均纤维直径表征;

(2) 黏结剂和其他可能干扰流动的情况;

(3) 过滤介质的不均匀性(见 3.1.4 节)。

不可否认,验证这些模型的关键是细致了解纤维介质的结构。这一步需要使用特定的表征技术,如显微断层扫描。然而,这一步骤也存在局限性,特别是在样本选取代表性方面。

3.1.3 模型与仿真结果的比较

对文献中渗透率模型验证的困难在于能否准确地表征过滤器的结构,而这个问题可以通过仿真技术来解决。

ANSYS Fluent 或 CFX 等 CFD 软件已经在过程领域被广泛应用,利用这些方法计算时不再需要考虑纤维介质的性质。相反,它将纤维介质描述为具有某一渗透率值的多孔介质。过去 15 年已经出现了一些代码,这些代码使应用数值模拟来量化这一特性成为可能。GeoDict® 代码便是其中之一,它是一个建立在独立模块中的代码,允许用户根据其目标实现以下功能:

(1) 生成几何图形,使创建虚拟微观结构(编织或非织造纤维介质、多孔褶皱、密集堆积的球体等)成为可能;

(2) 输入断层成像图像并生成可求解器使用的几何图形;

(3) 求解与流动相关的微分方程(Stokes、Navier-Stokes、Stokes-Brinkman)。

该代码的三维计算域由多个体积元组成,并利用有限体积法进行计算。三维结构计算域的构建需要考虑几个参数，即体积元的大小、空间3个维度域内体积元的数量及微结构中纤维的方向。图3.5表示的是由700×700×700个体积元组成的微观结构，其中纤维直径1μm，填充密度30%，体积元的特征长度尺寸为30nm。流体沿z方向流动，3种结构分别表示不同的纤维排列方向：①纤维平行于流体流动的方向；②纤维垂直于流体流动的方向；③纤维垂直于流动的方向，以各向同性的方式分布在与速度垂直的平面上。

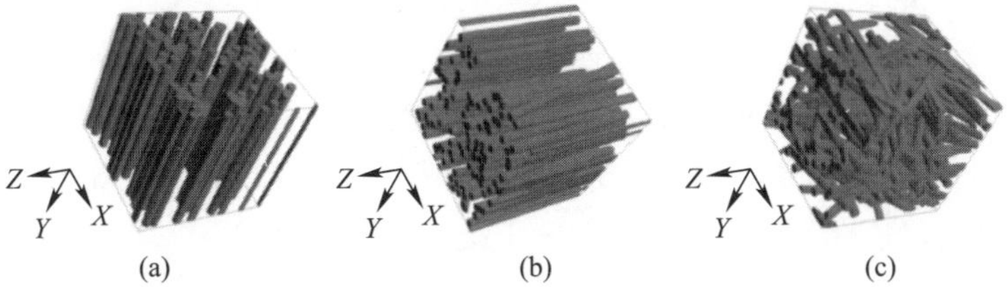

图3.5　纤维方向的选择

(a)纤维平行于流体流动的方向；(b)纤维垂直于流体流动的方向；
(c)纤维垂直于流体流动的方向，以各向同性的方式分布在与速度垂直的平面上。

由此可见，这些选项可以精确地描述流动且不需要额外附加令人望而却步的计算时间和存储空间的仿真参数是多么的重要。因此，由于对纤维结构进行了模拟，因此可以得到完美的结构表征。通过对完美表征的纤维结构进行流动仿真可以得到渗透率，以便与文献中的模型进行比较。例如，图3.6将使用仿真模拟得到的渗透率和文献中两个模型计算的渗透率值进行了比较，选用的纤维介质参数为纤维直径为1μm或2μm和5个在3%~25%之间的纤维填充密度

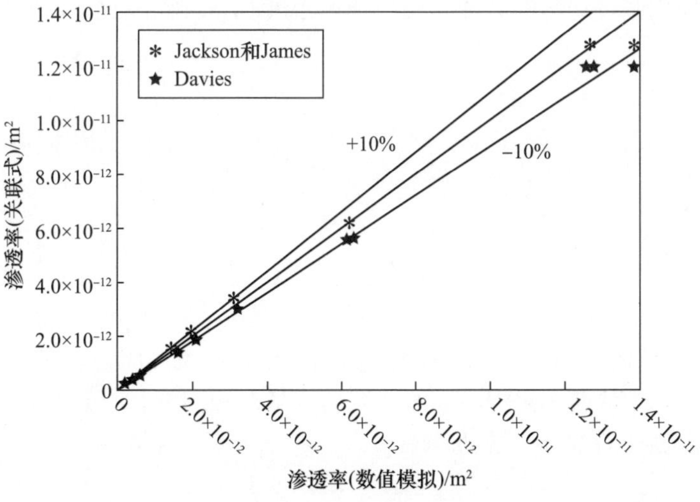

图3.6　不同模型和数值模拟的比较

值。可以观察到,模拟渗透率值与 Jackson 和 James 模型[JAC 86]给出的实验值吻合较好。这个结果清楚地表明,与真实介质渗透率存在差异可能部分地归因于纤维结构的部分偏差或下一节要介绍的纤维非均匀性。

3.1.4 纤维介质的非均匀性对压降的影响

由于制造过程(见第 2 章)的问题,纤维介质具有均匀的结构是不现实的。为了说明不良的结构均匀性对压降的影响,假设有一个理想的过滤器,厚度为 Z,填充密度为 α_f,纤维直径 d_f 以及穿过的空气流量为 Q_V。

现在考虑在制造这种过滤器的过程中,纤维并不是均匀分布在整个介质中,纤维总体积中的一部分(f_{V_f})只占介质表面积中的一部分(f_S)(图 3.7),从而导致了填充密度的局部变化。

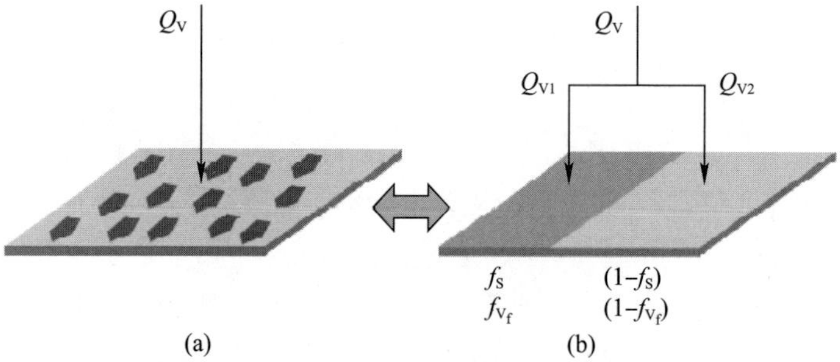

图 3.7 非均匀介质建模

(a)真实的非均匀介质;(b)模型介质。

可以使用假设均匀的同种介质的填充密度 α_f 来确定两个区域中每个区域的填充密度,即

$$\alpha_1 = \alpha_f \left| \frac{f_{V_f}}{f_S} \right| \tag{3.7}$$

并且

$$\alpha_2 = \alpha_f \frac{1 - f_{V_f}}{f_S} \tag{3.8}$$

因此,纤维介质的一部分相比于其他部分具有较低的流动阻力,这导致该区域的流速更高。因为这两个阻力不同的区域的压降是相同的,所以很容易确定在这两个区域内循环的空气流量,即

$$\Delta P_1 = \Delta P_2 \tag{3.9}$$

$$R_{m1}\mu\frac{Q_{V1}}{\Omega_1}=R_{m2}\mu\frac{Q_{V2}}{\Omega_2} \tag{3.10}$$

式中：R_{m1}、R_{m2} 和 Ω_1、Ω_2 分别为两个区域的流动阻力和过滤面积。

因为

$$Q_V=Q_{V1}+Q_{V2} \tag{3.11}$$

并且

$$\Omega=\Omega_1+\Omega_2=\Omega f_S+\Omega(1-f_S) \tag{3.12}$$

故可以计算出这两个区域的过滤流量与总过滤流量之间的关系：

$$Q_{V1}=\frac{Q_V}{1+\dfrac{R_{m1}(1-f_S)}{R_{m2}f_S}} \tag{3.13}$$

$$Q_{V2}=\frac{Q_V}{1+\dfrac{R_{m1}(1-f_S)}{R_{m2}f_S}}\frac{R_{m1}(1-f_S)}{R_{m2}f_S} \tag{3.14}$$

通过用戴维斯关系式表示均匀和非均匀介质的压降，很容易证明（在层流状态下）非均匀介质的压降与均匀（理想）介质的压降之比为

$$\frac{\Delta P_{\text{heterogeneous}}}{\Delta P_{\text{homogeneous}}}=\left\{\left(\frac{f_S}{f_{V_f}}\right)^{1.5}\left[1+\left(\frac{f_{V_f}}{1-f_{V_f}}\frac{1-f_S}{f_S}\right)^{\frac{3}{2}}\frac{1-f_S}{f_S}\right]f_S\right\}^{-1} \tag{3.15}$$

图 3.8 给出了在不同的过滤介质表面积分数 f_S 和纤维的总体积分数 f_{V_f} 下，

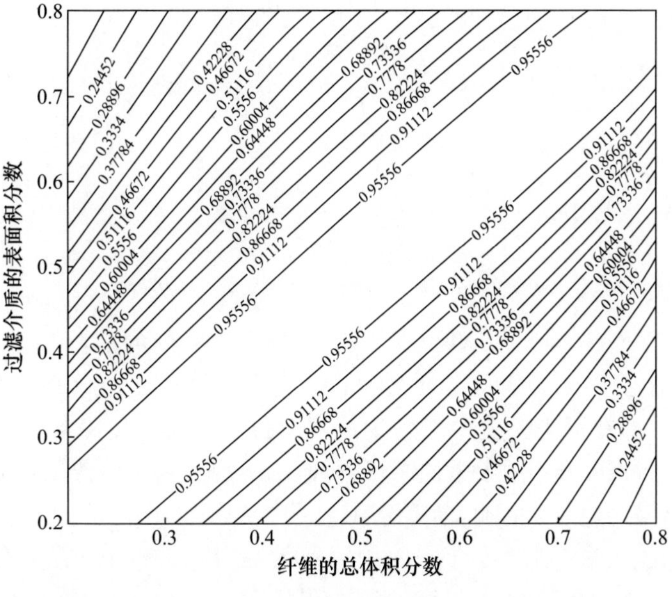

图 3.8　在不同过滤介质表面积分数和纤维总体积分数下 $\Delta P_{\text{heterogeneous}}/\Delta P_{\text{homogeneous}}$ 的变化

式(3.15)的变化规律。因此,如果假设60%的纤维分布在50%的过滤器体积中,那么这种纤维介质的压降将为均匀过滤器压降的92.67%。

而这个例子说明了介质内部纤维的不均匀分布、厚度不均匀、纤维尺寸分布不均匀、黏合剂存在等影响都可能造成相同的结果。

一些关于过滤介质结构不均匀性对压降影响的研究可以在文献中找到。例如,Lajos[LAJ 85]、Schweers 和 Löffler[SCH 94]的著作,或者 Dhaniyala 和 Liu[DHA 01]的著作。

3.2 褶皱纤维介质的压降

使用过滤速度非常低的工业过滤器可以最小化能量损失,甚至在某些情况下,可以提高过滤效率(见第4章)或颗粒滞留能力,但满足要求的过滤器会具有非常大的过滤面积。因此,我们使用褶皱介质,以保持最小的过滤器体积。我们通常会遇到两种类型的褶皱:①三角形的褶皱,也称为"V"形褶皱(图3.9(a));②矩形褶皱,也称为"U"形褶皱(图3.9(b))。两种类型的特征尺寸都是高度 h、褶皱间隙 p 和长度 L。

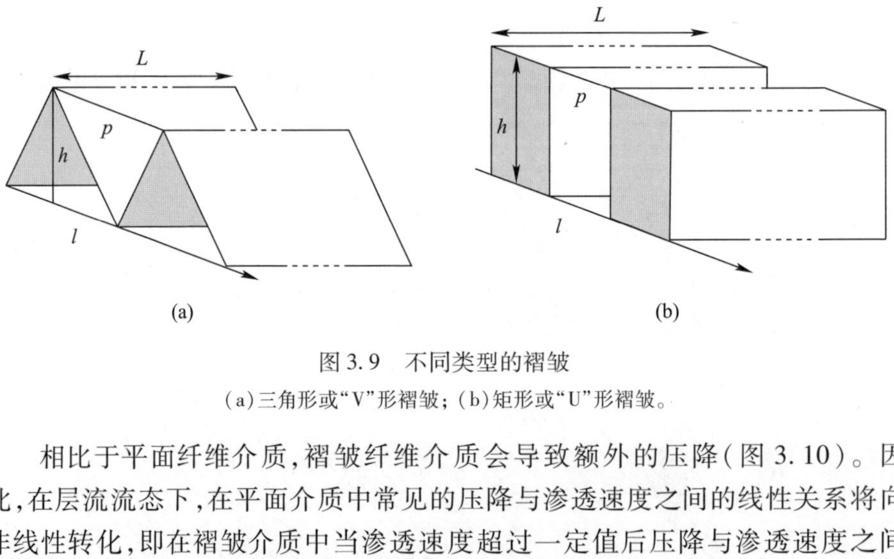

图3.9 不同类型的褶皱
(a)三角形或"V"形褶皱;(b)矩形或"U"形褶皱。

相比于平面纤维介质,褶皱纤维介质会导致额外的压降(图3.10)。因此,在层流流态下,在平面介质中常见的压降与渗透速度之间的线性关系将向非线性转化,即在褶皱介质中当渗透速度超过一定值后压降与渗透速度之间呈非线性化特点。所观察到的"平面纤维"压降和"褶皱纤维"压降之间的差异取决于褶皱的数量。因此,在所有其他因素相同的情况下,褶皱数量的变少会使过滤面积减小,则纤维介质内的流速较高,故在纤维介质中有较大的压降。另外,褶皱数量的增多会使过滤面积增大,从而纤维介质内的流速也较低,但褶皱数量的增多必然造成气流在褶皱间通道内的流速增大,进而造成由摩擦引起的能量损失增大。可以想象,优化褶皱的几何尺寸能使能量损失最小化,并且这已经成为当前许多研究的主要目标,无论是从实验还是仿真方面。

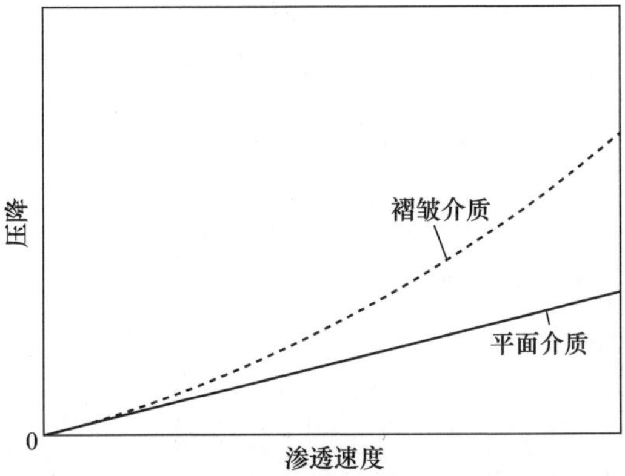

图 3.10　平面或褶皱过滤介质的压降与渗透速度的关系

3.2.1 刚性褶皱

刚性褶皱指的是无论在褶皱过滤器上添加什么约束都不会变形的褶皱。因此,其内压降的非线性演化过程可以归因为:

(1) 突缩(空气在褶皱入口处的收缩);

(2) 形成褶皱的通道中的空气流动;

(3) 过滤介质的流动阻力;

(4) 扩张(空气在褶皱出口处的膨胀)。

文献中列出的压降模型可分为两大类:实验模型,这类模型已被广泛推广并涵盖了多种多样的褶皱几何形状;数值模型,这类模型基于有限元法求解流体运动方程。在过去的几十年里,我们还看到计算流体力学已经作为一种方法用来研究纤维介质的压降。

3.2.1.1　实验模型

在文献[CHE 95,DEL 02]中介绍了一些通过实验得到的压降模型,但并没有任何一个模型能够覆盖足够宽泛的空气参数和介质特征。实际上,文献的作者也强调文中所提模型低估了实验测量的压降,而且随着过滤速度的提高,这种偏差会增大。根据 Del Fabbro[DEL 01]的实验研究,Callé-Chazelet 等[CAL 07]把清洁褶皱过滤器的压降(ΔP_{FP})视作平板过滤介质压降 ΔP_{MP}与突变点的压

降ΔP_S(突缩和突扩)之和,忽略了空气在褶皱形成的通道内的流动压降,即

$$\Delta P_{FP} = \Delta P_{MP} + \Delta P_S \tag{3.16}$$

突变点处的压降与流体的动能成正比:

$$\Delta P_S = \frac{1}{2}\zeta\rho_f V^2 \tag{3.17}$$

式中:V 为过滤器的平均上游速度;ζ 为通过突变点的压降系数。

可以把平均上游速度 V 与过滤速度 U_f 关联起来,即

$$V = U_f \frac{\Omega}{S_u} \tag{3.18}$$

式中:S_u 为过滤器上游通道的截面积;Ω 为过滤面积。

式(3.17)可表示为

$$\Delta P_S = \frac{1}{2}\zeta\left(\frac{\Omega}{S_u}\right)^2\rho_f U_f^2 \tag{3.19}$$

根据褶皱的几何形状(三角形或矩形),表3.5总结了式(3.17)~式(3.19)中不同变量对应的表达式。N_p 即褶皱的数目,等于褶皱的长度 l 与褶皱间距 p 之比。

表3.5 对应不同几何形状的纤维方程式(3.17)~式(3.19)中不同变量的表达式

参数	矩形褶皱	三角形褶皱
Ω	$N_pL(2h+p)$	$N_p2L\sqrt{h^2+\frac{P^2}{4}}$
$S=lL$	N_pL_pL	N_pL_p
V	$U_f\left(2\times\frac{h}{p}+1\right)$	$U_f\sqrt{4\times\left(\frac{h}{p}\right)^2+1}$
ΔPs	$\zeta\frac{\rho}{2}\left(2\times\frac{h}{p}+1\right)^2U_f^2$	$\zeta\frac{\rho}{2}\left[4\times\left(\frac{h}{p}\right)^2+1\right]U_f^2$

对于一个矩形褶皱的过滤器来说,当 $p \ll h$,过滤面积等于 $N_pL(2h)$,即过滤器入口流速 $V=2U_fh/p$。因此,褶皱过滤器的压降表达式为

$$\Delta P_{FP} = \Delta P_{MF} + 2\zeta\rho_f\left(\frac{h}{p}\right)^2U_f^2 \tag{3.20}$$

在这个模型中,唯一的未知量是压降系数 ζ。根据实验数据对模型进行调整,可以确定该系数。因此,基于Del Fabbro[DEL 01]的实验结果,压降系数可以与

褶皱间距值 p 关联，即

$$\Delta P_{FP} = \Delta P_{MF} + \frac{0.278}{p}\rho_f\left(\frac{h}{p}\right)^2 U_f^2 \tag{3.21}$$

例如，图 3.11 表示矩形褶皱过滤器的压降关于其过滤速度的演变规律，并将实验数据与模型结果进行对比。

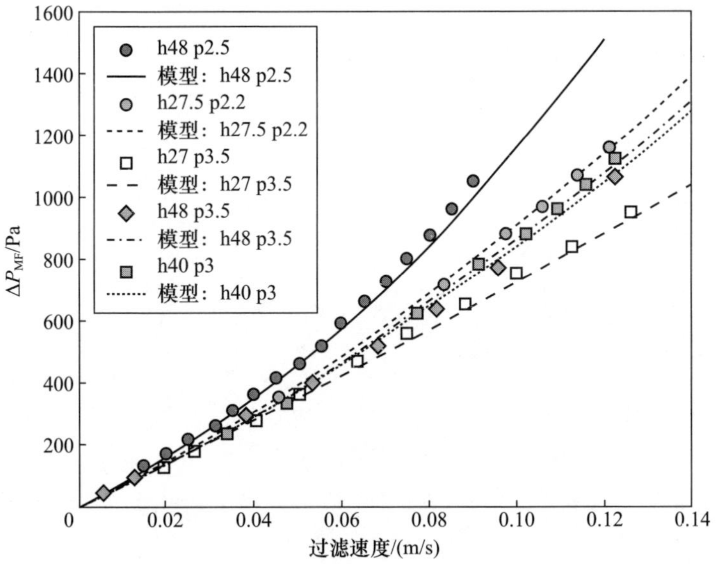

图 3.11　矩形褶皱过滤器压降的实验值与模型计算结果对比图

符号说明：h48 p2.5 表示褶皱高度为 48mm，褶皱间距为 3.5mm。

3.2.1.2　数值模型

考虑到难以通过实验方法评估褶皱过滤器的多个参数对其压降的影响，因而数值模拟方法被采用，并实现了在验证步骤完成后进行详尽的研究。这一领域最早的工作是由 Raber[RAB 82] 进行的。

1）Raber 的模型

Raber[RAB 82] 将褶皱过滤器比作一系列的三角形褶皱。利用对称性，将研究对象简化为一个半褶。这个半褶又可被分解为许多的有限元，每一个有限元都有相同的面积并满足如下方程：

（1）一维动量方程；

（2）连续性方程；

（3）进口/出口质量守恒方程；

（4）在多孔介质中，流体流动遵循达西定律。

这项工作可以得出一个结论：随着褶皱数量的增加，流体在介质中的流动变得不均匀。图3.12给出了当过滤流量为3400m^3/h时,在给定的褶皱位置上的局部速度与均匀分布时的速度之间的关系。当褶皱数量为12~18个时,速度在假定的均匀速度附近的波动范围在30%附近。当褶皱的数量达到22个时,相对于一个均匀分布而言,进入或流出褶皱速度可以变化2倍。这说明了褶皱的数量对流量分配的影响。

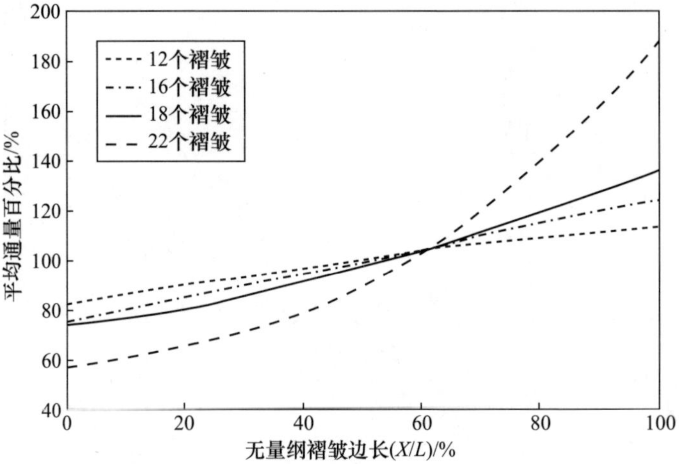

图3.12 速度偏差百分比与无量纲褶皱边长的关系(受褶皱数量的影响)

2) Yu 和 Goulding 的模型

Yu 和 Goulding[YU 92]的工作目标是优化用来过滤燃烧涡轮机入口空气的介质,使其压降最小。此模型使用半解析/半数值方法将过滤器建模为一系列通道,而在褶皱间距中的流动被类比为具有给定截面和高度的通道内流动,并且过滤介质的壁面对流动产生喷射和抽吸作用。在整个壁面上,空气的通量被认为是均匀的。根据上述条件,得到了流动方向上压降的表达式,即

$$\Delta P = 96\frac{x}{ReD_{\rm H}}\left(1-2\frac{x}{ReD_{\rm H}}\right)\left(1-\frac{Re_{\rm w}}{5}\right) \tag{3.22}$$

式中:$Re_{\rm w}=u_{\rm w}D_{\rm H}/\mu$,$Re=UD_{\rm H}/\mu$为进口雷诺数;$u_{\rm w}$为壁面的流体速度;$D_{\rm H}$为通道的水力直径。

图3.13所示为过滤速度为0.5m/s时,压降基于每厘米的褶皱数的演变过程。并且证明了在给定的褶皱高度下,存在一个最优的褶皱数,并且发现增加褶皱高度压降降低。他们还提到:这个最佳的褶皱数与使用的进口速度无关。

3) Chen 的模型

Chen 等[CHE 95]提出了一种现象学模型,目的是优化洁净褶皱过滤器的几何形状。根据作者的说法,Raber 使用了一种过于具体褶皱结构,忽略了黏性效应,而

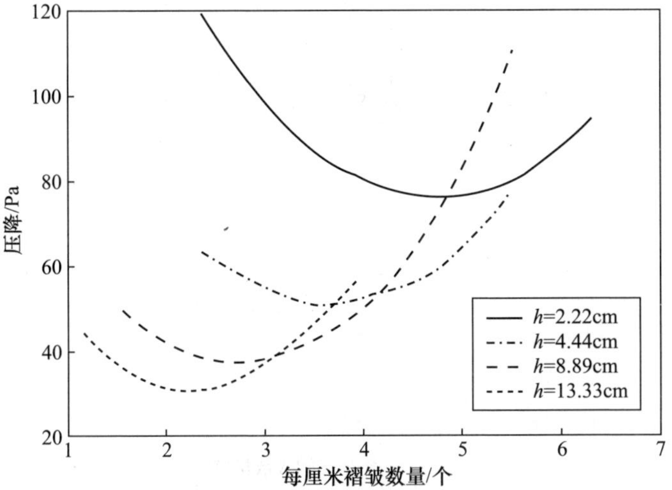

图 3. 13　不同高度褶皱介质的压降随每厘米褶皱数量的变化规律

且选取的褶皱间的速度分布太过简化。他们还批评了 Yu 和Goulding[YU 92]的工作,因为他们没有考虑到通量的变化、突缩和突扩的影响。在这个模型中,上游的流动垂直于过滤器的平面,平行于褶皱的方向,通过介质流到下游区域。压降是由上游流体的收缩、黏性阻力和下游流体的扩张引起的。他们使用了两种模型。

(1) 在上游和下游区域,流动是层流的、静止的、二维的不可压缩各向同性的流动,可以采用纳维－斯托克斯方程和连续性方程。

(2) 在介质中,作者使用了达西－拉普伍德－布林克曼(Darcy－Lapwood－Brinkman)方程。

计算域也被简化为半褶,如图 3. 14 所示。

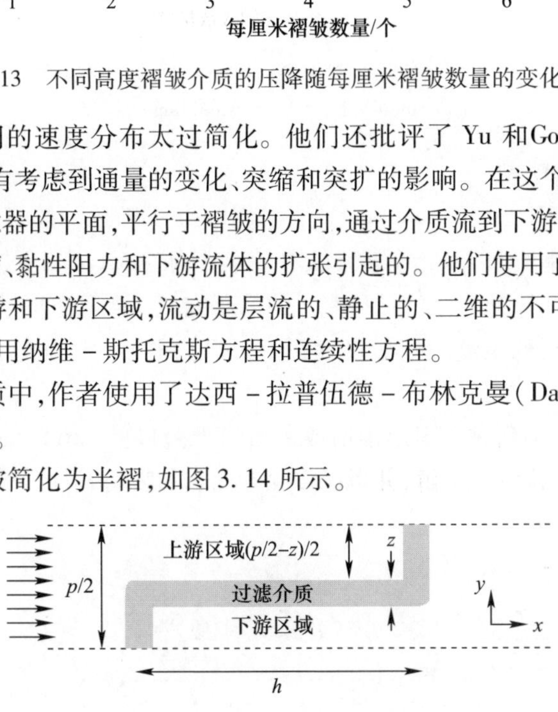

图 3. 14　半褶的图示(根据文献[CHE 95])

通过展示速度场,计算结果突出了流线在上游收缩和下游扩张,在约半褶长度的 8 ~ 10 倍的距离处,流动再次变得均匀。对于两个褶高(2. 2225cm(0. 875 英寸)和 4. 445cm(1. 75 英寸))给定的过滤器,Chen 等[CHE 95]将他们的结果与 Yu 和 Goulding[YU 92]的结果进行了比较,两者有很好的一致性,并且确认存在对应压降最小的最佳褶皱数(图 3. 15)。

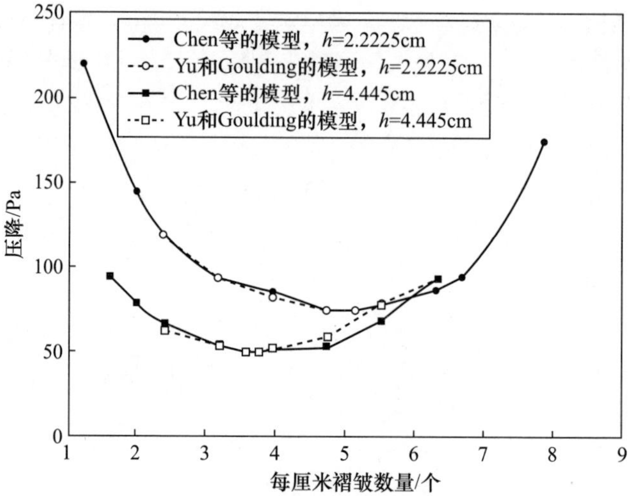

图 3.15　两个不同褶皱高度的过滤器压降随每厘米褶皱数量的变化
（比较 Chen 等以及 Yu 和 Goulding 的模型）

4）Rebai 的模型

Rebai[REB 10]对 Yu 和 Goulding[YU 92]采用的方法进行了改进，在求解方程时考虑了褶皱的半高度可变。研究的灵感来源于 Oxarango 等[OXA 04]和 Benmachou[BEN 03]在液体过滤框架下的研究。他的研究包括 4 种不同的尺度：纤维和颗粒尺度；多孔介质的尺度。褶皱尺度，这种尺度下用给定的速率计算流量和压降；过滤器尺度。

研究范围缩小到一个矩形半褶或三角形半褶（图 3.16）。通过对多孔壁上通道内的流动进行解析求解，并考虑多孔壁面上的喷射和抽吸效应，通道内的速度分布被获得。

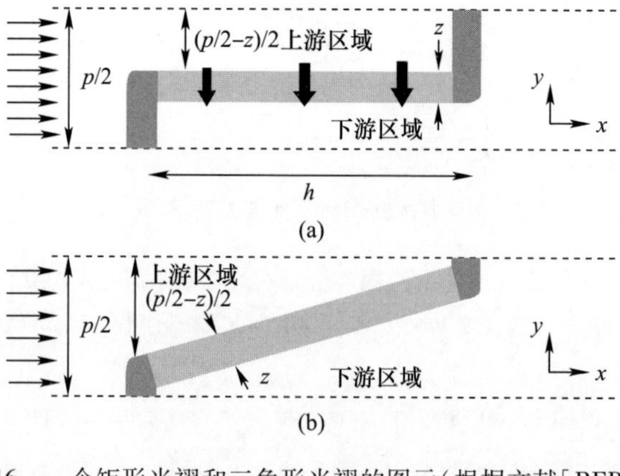

图 3.16　一个矩形半褶和三角形半褶的图示（根据文献[REB 10]）

图 3.17 中给出了对于某一给定过滤器（迎风面积 220mm × 89mm，褶高为 55mm，厚度为 2.85mm）在两个不同的过滤速度（0.16m³/s 和 0.108m³/s）下压降的优化结果。一方面，在 0.160m³/s 过滤速度下，压降最优值出现在 4 个褶/100mm 时，对于在 0.108m³/s 的过滤速度下，压降最优值出现在 5 个褶/100mm 时；另一方面，结果表明在整个接触面上将褶皱视为多孔介质更为合适。

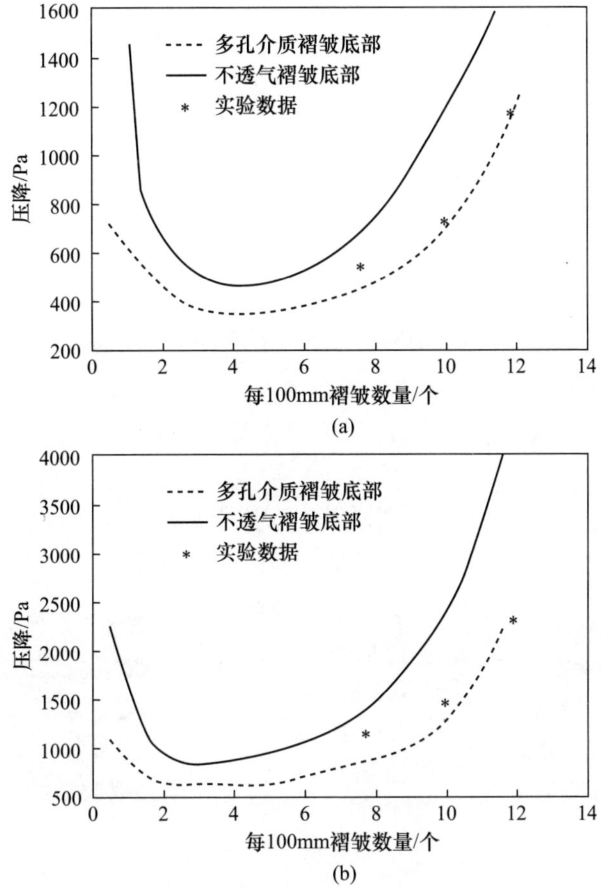

图 3.17 压降基于褶皱数量的变化

（a）过滤流量为 0.108m³/s；（b）过滤流量为 0.160m³/s。

模型利用达西定律实现了通道与多孔区的耦合，根据褶皱底部的行为不同两个子模型被采用（完全多孔褶皱底部：整个褶皱被认为是多孔的；不透气褶皱底部：褶皱区域被认为是不透气的）。

5）Fotovati 模型

Fotovati[FOT 11]等的数值研究也具有同样的目的，即确定最佳的褶皱数目。

但他们研究的褶皱是一种多层结构,包括"U"形和"V"形两种。对于"U"形褶皱,考虑不同宽度的影响,对于"V"形褶皱考虑角度的影响。模型的流动控制方程与 Chen 等[CHE 95]的文献中使用的方程基本相同,不同之处在于作者不仅引入了一个渗透率值,而且还引入了一个张量。他们基本上是从观察开始的:对于大多数高效过滤器,纤维主要是朝向平行于褶皱平面的方向。因此,面内渗透率值和穿过平面渗透率值是不同的。仿真工作通过使用流体力学计算代码 ANSYS Fluent 进行。通过不同的计算,作者得出结论:过滤器的进口速度对褶皱的最优数目没有任何影响。他们证明了对于高渗透率的介质,在约 2 个褶/cm 处存在一个最小的压降,这个值随着渗透率的降低而增加。对于"V"形褶皱,最优的几何形状是由褶皱的角度来决定的。对于高渗透率介质,最佳角度在 10° ~15°之间其值也随着渗透率的降低而减小。

3.2.2 非刚性褶皱

前述在褶皱介质上进行的模拟考虑所有的褶皱都是刚性的。然而,在某些情况下,褶皱介质中的空气流动可能会导致褶皱变形,这已被 Bourous[BOU 14]利用褶皱实验证明。几个褶皱上的变形模拟(图 3.18)显示了相邻褶皱上的两个区域会相互覆盖,并改变流体的流动。事实上,这一区域的特点是对通过该区域的流体有很高的阻力,这意味着在褶皱内有优先流动。大部分的流体通过这个受限制的表面会造成速度的增加,从而导致更高的压降。

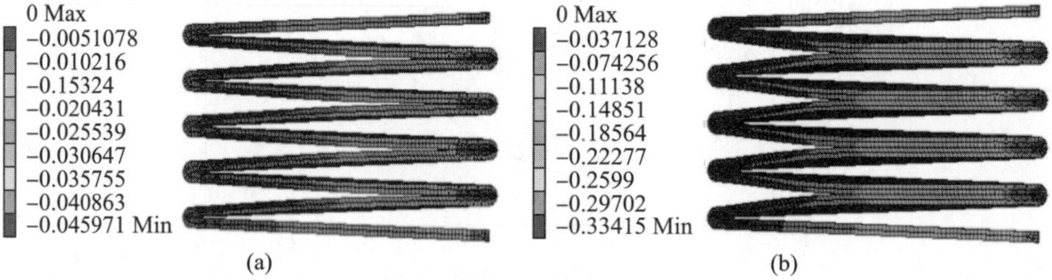

图 3.18 褶皱的变形图示(流动从右向左)

(a)渗透速度为 2.5cm/s,压降为 250Pa;(b)渗透速度为 8cm/s,压降为 2000Pa。

图 3.19 展示了玻璃纤维褶皱介质(特性:$p=1.5$mm,$h=20$mm)的压降与相同材料具有相同面积的扁平介质的压降之间的关系。图 3.19 清楚地表明,在低过滤速度下(小于 3cm/s),这种变形是可以忽略不计的,压降与平面介质中的压降是相等的。而在此速度外,褶皱介质上的压降随着过滤速度的增加而增加。当速度为 8cm/s 时,相对于面积相同的平面介质压降增加了 1 倍。作者认为,这种变化可能与褶皱变形引起的面积减少有关。

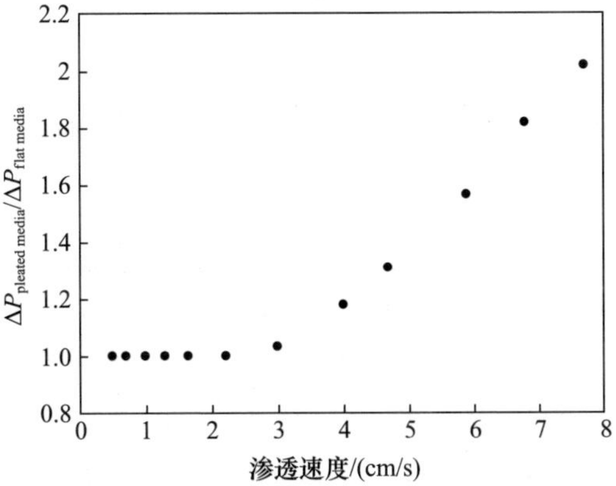

图 3.19　褶皱和平面介质的压降之比与渗透速度之间的关系(根据文献[BOU 14])

参考文献

[BEN 03] BENMACHOU K., SCHMITZ P., MEIRELES M., "Dynamical clogging of a pleated filter: experimental and theoretical approaches for simulation", *Filtech Europa*, vol. 2, pp. 51 – 57, 2003.

[BOU 14] BOURROUS S., Étude du colmatage des filtres THE plans et à petits plis par des agrégats de nanoparticules simulant un aérosol de combustion, PhD Thesis, University of Lorraine, 2014.

[CAL 07] CALLÉ – CHAZELET S., THOMAS D., RÉMY J. *et al.*, "Performances de filtration des filtres plissés", *Récents progrès en génie des procédés*, vol. 96, Paris, France, 2007.

[CHE 55] CHEN C. Y., "Filtration of aerosols by fibrous media", *Chemical Reviews*, vol. 55, no. 3, pp. 595 – 623, 1955.

[CHE 95] CHEN D. – R., PUI D. Y., LIU B. Y., "Optimization of pleated filter designs using a finite-element numerical model", *Aerosol Science and Technology*, vol. 23, no. 4, pp. 579 – 590, 1995.

[COM 00] COMITI J., SABIRI N., MONTILLET A., "Experimental characterization of flow regimes in various porous media – III: limit of Darcy's or creeping flow regime for Newtonian and purely viscous non-Newtonian fluids", *Chemical Engineering Science*, vol. 55, no. 15, pp. 3057 – 3061, 2000.

[DAR 56] DARCY H., *Les fontaines publiques de la ville de Dijon. Exposition et application des principes à suivre et des formules à employer dans les questions de distribution d'eau*, Victor Dalmont, 1856.

[DAV 73] DAVIES C., *Air Filtration*, Academic Press, New York, 1973.

[DEL 01] DEL FABBRO L., Modélisation des écoulements d'air et du colmatage des filtres plissés par des aérosols solides, PhD Thesis, University of Paris XII, 2001.

[DEL 02] DEL FABBRO L., LABORDE J., MERLIN P. *et al.*, "Air flows and pressure drop modelling for different pleated industrial filters", *Filtration & Separation*, vol. 39, no. 1, pp. 34 – 40, 2002.

[DHA 01] DHANIYALA S., LIU B. Y., "Theoretical modeling of filtration by nonuniform fibrous filters", *Aerosol Science & Technology*, vol. 34, no. 2, pp. 170 – 178, 2001.

[DRU 84] DRUMMOND J., TAHIR M., "Laminar viscous flow through regular arrays of parallel solid cylinders", *International Journal of Multiphase Flow*, vol. 10, no. 5, pp. 515 – 540, 1984.

[DUL 89] DULLIEN F. A. , *Industrial Gas Cleaning*, Academic Press, 1989.

[FOR 01] FORCHHEIMER P. , "Wasserbewegung durch boden", *Zeitschrift Des Vereines Deutscher Ingenieure*, vol. 45, no. 1782, p. 1788, 1901.

[FOT 11] FOTOVATI S. , HOSSEINI S. , TAFRESHI H. V. *et al.* , "Modeling instantaneous pressure drop of pleated thin filter media during dust loading", *Chemical Engineering Science*, vol. 66, no. 18, pp. 4036 – 4046, 2011.

[FUC 63] FUCHS N. A. , STECHKINA I. B. , "A Note on the theory of fibrous aerosol filters", *Annals of Occupational Hygiene*, vol. 6, no. 1, pp. 27 – 30, 1963.

[HAP 59] HAPPEL J. , "Viscous flow relative to arrays of cylinders", *AIChE Journal*, vol. 5, no. 2, pp. 174 – 177, 1959.

[HAS 59] HASIMOTO H. , "On the periodic fundamental solutions of the Stokes equations and their application to viscous flow past a cubic array of spheres", *Journal of Fluid Mechanics*, vol. 5, no. 2, pp. 317 – 328, 1959.

[HEN 83] HENRY F. S, ARIMAN T. , "An evaluation of the Kuwabara model", *Particulate Science and Technology*, vol. 1, no. 1, pp. 1 – 20, 1983.

[JAC 86] JACKSON G. W. , JAMES D. F. , "The permeability of fibrous porous media", *The Canadian Journal of Chemical Engineering*, vol. 64, no. 3, pp. 364 – 374, 1986.

[KUW 59] KUWABARA S. , "The forces experienced by randomly distributed parallel circular cylinders or spheres in a viscous flow at small Reynolds numbers", *Journal of the Physical Society of Japan*, vol. 14, no. 4, pp. 527 – 532, 1959.

[LAJ 85] LAJOS T. , "The effect of inhomogenity on flow in fibrous filters", *Staub Reinhaltung der Luft*, vol. 45, no. 1, pp. 19 – 22, 1985.

[LAN 42] LANGMUIR I. , RODEBUSH W. , LAMER V. , "Filtration of aerosols and development of filter materials", *OSRD – 865*, *Office of Scientific Research and Development*, Washington, DC, 1942.

[OXA 04] OXARANGO L. , SCHMITZ P. , QUINTARD M. , "Laminar flow in channels with wall suction or injection: a new model to study multi – channel filtration systems", *Chemical Engineering Science*, vol. 59, no. 5, pp. 1039 – 1051, 2004.

[RAB 82] RABER R. R. , "Pressure drop optimization and dust capacity estimation for a deep pleated industrial air filter using small sample data", *World Filtration Congress Vol – III*, vol. 1, pp. 52 – 59, 1982.

[REB 10] REBAÏ M. , PRAT M. , MEIRELES M. *et al.* , "A semi – analytical model for gas flow in pleated filters", *Chemical Engineering Science*, vol. 65, no. 9, pp. 2835 – 2846, 2010.

[REN 98] RENOUX A. , BOULAUD D. , *Les aérosols: physique et métrologie*, Tec & Doc Lavoisier, Cachan, 1998.

[SAN 82] SANGANI A. , ACRIVOS A. , "Slow flow past periodic arrays of cylinders with application to heat transfer", *International journal of Multiphase flow*, vol. 8, no. 3, pp. 193 – 206, 1982.

[SCH 94] SCHWEERS E. , LÖFFLER F. , "Realistic modelling of the behaviour of fibrous filters through consideration of filter structure", *Powder Technology*, vol. 80, no. 3, pp. 191 – 206, 1994.

[SEG 98] SEGUIN D. , MONTILLET A. , COMITI J. , "Experimental characterisation of flow regimes in various porous media – I: limit of laminar flow regime", *Chemical Engineering Science*, vol. 53, no. 21, pp. 3751 – 3761, 1998.

[SPI 68] SPIELMAN L., GOREN S. L., "Model for predicting pressure drop and filtration efficiency in fibrous media", *Environmental Science & Technology*, vol. 2, no. 4, pp. 279 – 287, 1968.

[YU 92] YU H. H., GOULDING C. H., "Optimized ultra high efficiency filter for high efficiency industrial combustion turbines", *International Gas Turbine and Aeroengine Congress*, Cologne, Germany, June 1 – 4 1992.

第 4 章

纤维介质的初始效率

4.1 概　　述

过滤效率是评价纤维过滤性能的关键参数。纤维的过滤效率决定了纤维介质下游的颗粒浓度，进而决定了呼吸防护过滤器的性能，例如，过滤器是否符合排放标准或者能否满足操作人员的防护等级。过滤效率可通过使用取样管在过滤器的上、下游取样并测量颗粒浓度后方便地计算得到。如果假设过滤器上、下游气体的体积流量相同，则可以通过过滤器上、下游的颗粒浓度定义其总体过滤效率：

$$E = 1 - \frac{C_{\text{downstream}}}{C_{\text{upstream}}} \tag{4.1}$$

式(4.1)的定义既可以表示颗粒的质量过滤效率，又可以表示颗粒的数量过滤效率，具体取决于式中采用的浓度表达形式。对于高效过滤器来说，穿透率或防护因子 P 是更常见的用于评价过滤性能的参数，即

$$P = \frac{C_{\text{downstream}}}{C_{\text{upstream}}} = 1 - E = \frac{1}{PF} \tag{4.2}$$

一般来说，过滤器中的颗粒多是分散的，所以有必要针对每种粒径的颗粒定义其相应的过滤效率。特定粒径 d_i 颗粒的分级过滤效率可表示为

$$E_{d_i} = 1 - \frac{C_{\text{downstream},d_i}}{C_{\text{upstream},d_i}} \tag{4.3}$$

对于高效过滤器来说，具有最低分级过滤效率的颗粒所对应的粒径为最易穿透粒径(MMPS)，换言之，就是这一粒径下的颗粒最难以过滤去除(图 4.1)。

最易穿透粒径一般介于0.1~0.5μm之间。这也就是为什么多数过滤器采用上述粒径范围的颗粒作为其性能测试材料(表4.1),因为这样容易在确定的运行条件下测得相应的最低过滤效率。

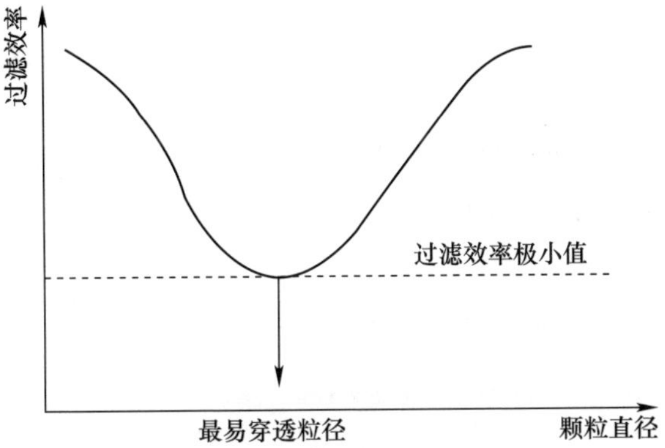

图4.1 分级过滤效率相对于颗粒直径的变化趋势

表4.1 一些空气过滤标准中用于测试的气溶胶的特性

标准	测试所用气溶胶	颗粒直径/μm
EN 1822(高效过滤器)	DEHS	0.3~0.5
EN 143 (呼吸防护设备过滤器)	氯化钠 石蜡油	$d_{M50}=0.6$ $d_{N50}=0.4$
NF X 44.011	荧光素钠	$d_{M50}=0.12$ $d_{N50}=0.07$

过滤效率测量实验中需要特别注意的是,在待测过滤器的上、下游进行的取样测量一定要是等速取样,也就是说要使取样管的取样流速与颗粒输运通道内此处的气流速度相同,并且取样管要与气流的流线平行。如果取样不满足上述要求则会使测得的粒径谱发生失真。也就是说,在测量颗粒浓度的实验中:①如果取样气速小于环境气速(欠速取样),这会导致大惯性颗粒的浓度的测量值高于真实值;②如果取样气速大于环境气速(过速取样),这会导致大惯性颗粒的浓度测量值低于其真实值。

此外,在取样过程中气溶胶可能在各种机制(扩散、热泳、惯性、电泳)作用下在通道的壁面上沉积。在这种情况下就需要对测量值进行适当修正以获得更精确的气溶胶浓度或粒径谱。这里推荐对取样问题感兴趣的读者阅读Vincent[VIN 07]、Hinds[HIN 99]和Kulkarni等[KUL 11]的著作。

4.2 效率估算

本书介绍了几种纤维过滤器过滤效率的计算模型，这些模型仅需知道过滤介质、气溶胶和过滤速度的一些特征量就能计算出气溶胶的过滤效率。

考虑一块厚度为 Z 的纤维介质，它由一排缠绕在一起的纤维构成，纤维的平均直径为 d_f（图 4.2）。从这块纤维介质中取一个微元进行分析，假设此微元厚度为 dZ，面积为 Ω，则此微元内纤维体积可表示为

$$dV_f = \alpha\Omega dZ \tag{4.4}$$

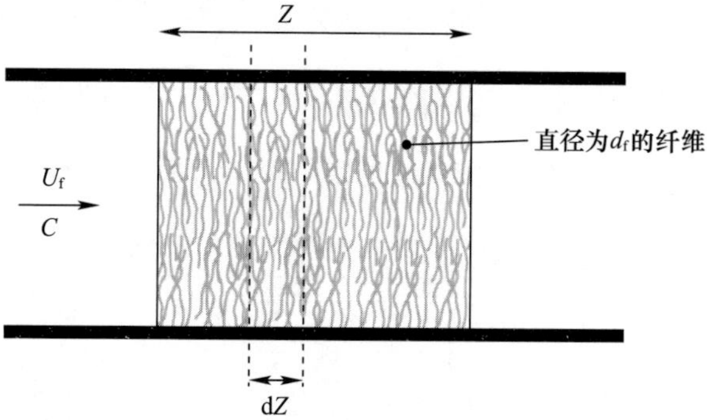

图 4.2　纤维介质图解

微元内纤维的总体积也可用其总纤维长度 dL 表示：

$$dV_f = \frac{\pi d_f^2}{4} dL \tag{4.5}$$

结合式(4.4)与式(4.5)，微元内纤维总长度可表示为

$$dL = \frac{4\alpha\Omega}{\pi d_f^2} dZ \tag{4.6}$$

假设微元内纤维的轴向与通道内气流平均速度的方向相互垂直，则微元内的纤维在垂直于气流方向的平面内的总投影面积可表示为

$$dA = d_f dL \tag{4.7}$$

将式(4.7)中的 L 用式(4.6)替换，可得

$$dA = \frac{4\alpha\Omega}{\pi d_f} dZ \tag{4.8}$$

设 η 为单根纤维的捕集效率，其定义为

$$\eta = \frac{\text{颗粒直径 } d_p \text{ 的纤维捕集通量}}{\text{颗粒直径 } d_p \text{ 的纤维上游通量}}$$

则厚度为 dZ 的微元的颗粒捕集通量可表示为

$$\frac{\mathrm{d}N}{\mathrm{d}t}=\eta\frac{U_{\mathrm{f}}}{1-\alpha}C\mathrm{d}A \tag{4.9}$$

或

$$\frac{\mathrm{d}N}{\mathrm{d}t}=4\eta\frac{\alpha}{1-\alpha}\frac{U_{\mathrm{f}}\Omega}{\pi d_{\mathrm{f}}}C\mathrm{d}Z \tag{4.10}$$

考虑到整个微元内的颗粒数量平衡,可得到如下微分方程:

$$U_{\mathrm{f}}\Omega\mathrm{d}C=-\frac{\mathrm{d}N}{\mathrm{d}t} \tag{4.11}$$

结合式(4.10)与式(4.11),可得

$$\frac{\mathrm{d}C}{C}=-4\frac{\alpha}{1-\alpha}\frac{\eta}{\pi d_{\mathrm{f}}}\mathrm{d}Z \tag{4.12}$$

将式(4.12)在过滤器厚度上进行积分,可得

$$\ln\left(\frac{C_{\mathrm{downstream}}}{C_{\mathrm{upstream}}}\right)=-4\eta\frac{\alpha}{1-\alpha}\frac{Z}{\pi d_{\mathrm{f}}} \tag{4.13}$$

由式(4.13)可以推导出过滤器的穿透率方程:

$$P=\frac{C_{\mathrm{downstream}}}{C_{\mathrm{upstream}}}=\exp\left(-4\eta\frac{\alpha}{1-\alpha}\frac{Z}{\pi d_{\mathrm{f}}}\right) \tag{4.14}$$

式(4.14)也可写为过滤器的总体效率的形式:

$$E=1-P=1-\exp\left(-4\eta\frac{\alpha}{1-\alpha}\frac{Z}{\pi d_{\mathrm{f}}}\right) \tag{4.15}$$

其简略形式为

$$E=1-P=1-\exp(-kZ) \tag{4.16}$$

式中:k 为穿透因子。

需要注意的是:有些作者在计算过滤纤维上游的气溶胶通量时仅考虑气流的过滤速度(也就是说采用气体的体积流量与过滤截面积之比计算气流的速度),而非空隙速度,$U_{\mathrm{f}}/(1-\alpha)$。相应的,式(4.14)与式(4.15)中的 $1-\alpha$ 就不存在了。在纤维填充密度较低的情况下(如常见的空气过滤器),采用以上两种气流速度并不会使计算结果呈现明显差别。现在再看 Kirsch 方程[KIR 75,KIR 78],可以发现其与式(4.16)的区别在于把纤维的平均直径 d_{f} 替换为了 $d_{\mathrm{f}}(1+a)$,其中 a 定义为

$$a=(d_{\mathrm{f}_i}^2-d_{\mathrm{f}}^2)/d_{\mathrm{f}}^2 \tag{4.17}$$

这种做法等价于在式(4.15)中采用具有相同比表面积的纤维介质的平均直径,而这种方法需要事先知道过滤介质中纤维的直径分布。

4.3 单纤维效率

单纤维对颗粒的捕集效率 η 受到若干种过滤机制的影响，这些机制包括：惯性碰撞、布朗扩散、拦截、静电效应、沉积（对于直径小于 10μm 的颗粒，沉积效应的影响可忽略不计）。

大多数文献的作者假设在上述的几种机制之间不存在相互影响，因此颗粒的单纤维捕集效率可视为若干机制各自捕集效率的总和，即

$$\eta = \sum_{i=1}^{n} \eta_i \tag{4.18}$$

少数研究人员考虑到拦截与扩散两种过滤机制间的相互影响，认为需要在式(4.18)中再加一项（见 4.4.1 节）。因此得到

$$\eta_{\text{fiber}} = \sum_{i=1}^{n} \eta_i + \eta_{\text{DR}} \tag{4.19}$$

Kasper 等[KAS 78]认为纤维的穿透率是每种过滤机制各自的穿透率之积，即

$$P_{\text{fiber}} = \prod_{i=1}^{n} P_i \tag{4.20}$$

或

$$\eta_{\text{fiber}} = 1 - \prod_{i=1}^{n} (1 - \eta_i) \tag{4.21}$$

在每种过滤机制对应的过滤效率足够小的情况下（即满足 $\eta_i \ll 1$），式(4.21)可简化为式(4.18)的形式。然而 Pich 通过理论分析发现式(4.18)与式(4.21)所示的两种计算方法都没有十足的合理性[PIC 87]。

把纤维视作圆柱体，则单纤维的捕集效率可定义为纤维捕集的颗粒数量 ΔN 与从纤维上游远方流过的虚拟区域内的颗粒总量 N 之比，即

$$\eta_i = \frac{\Delta N}{N} \tag{4.22}$$

在这里可能会想知道上述定义是否恰当，因为此定义可能导致布朗扩散或静电效应的单纤维过滤效率大于 1。对于像拦截与惯性碰撞这样的过滤机制，其捕集效率与颗粒在纤维附近的运动轨迹相关（式(4.23)和图 4.3）：

$$\eta_i = \frac{2y_o}{d_f} \tag{4.23}$$

式中：d_f 为纤维直径；y_o 为与纤维上游气流相关的一个特征尺寸，当上游的颗粒与气流轴线的距离大于此特征长度时，颗粒不会被纤维所俘获。

因此，对于纯粹的弹道俘获机制（拦截或惯性碰撞）而言，上述定义的单纤维过滤效率是小于或等于 1 的。

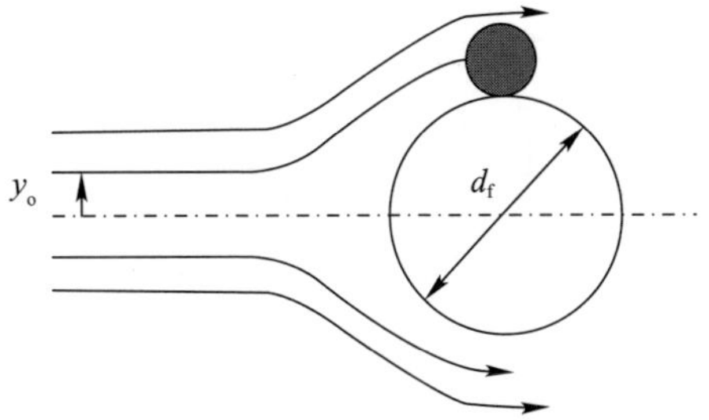

图 4.3　孤立纤维附近颗粒的最大轨迹

4.3.1 纤维绕流与纤维效率

计算与纤维相关的流场是分析纤维过滤问题的第一步。因为过滤纤维的形状和分布多少有些不规则和不均匀，这会使求解过滤介质中的流场十分困难，所以为简化流场方程的求解，一些模型被提出。一般来说，这些模型都是将过滤介质视为具有理想结构的连续介质。因此，过滤介质被当作一组具有相同直径且垂直于流体流向的圆柱体进行分析。其中，每个圆柱体都被同心的流层围绕（图 4.3），而圆柱体在模型中被称为单元，故此模型通常称为单元模型[LAM 32, HAP 59, KUW 59]。在这些条件下，通过求解纳维－斯托克斯方程可以得到各个速度分量的流函数。此函数会引入水动力学因数 H，其数值取决于所采用的模型。

表 4.2 列出了一些水动力学因数的表达式，这些表达式可分为两类：第一类表达式列于表 4.2 的前半部分，适用于过滤纤维周围的流体可视为连续流体的情况；第二类表达式是当纤维的平均直径接近于携带颗粒的气体的分子平均自由程 λ 时（纳米纤维的情况），气流不再适合作为连续介质处理，此时需要考虑纤维表面流体的"滑移"，这种情况下的水动力学因数表达式被列在表 4.2 的后半部分。

表 4.2　一些关于水动力学因数的不同表达式

作者	水动力学因数 H 的表达式	备注
Lamb[LAM 32]	$H_{La}=2-\ln(Re_f)$	孤立圆柱体，连续流区
Kuwabara[KUW 59]	$H_{Ku}=\alpha-\frac{1}{2}\ln\alpha-\frac{1}{4}\alpha^2-\frac{3}{4}$	一组圆柱体，连续流区
Happel[HAP 59]	$H_{Ha}=\frac{\alpha^2}{1+\alpha^2}-\frac{1}{2}\ln\alpha-\frac{1}{2}$	一组圆柱体，连续流区
Pich[PIC 66]	$H_{Pi}=-\frac{1}{2}\ln\alpha-\frac{3}{4}$	一组圆柱体，滑移流区

续表

作者	水动力学因数 H 的表达式	备注
Yeh 和 Liu[YEH 74]	$H_{\text{Ye}}=\frac{\alpha}{1+Kn_{\text{f}}}-\frac{\ln\alpha}{2}-\frac{\alpha^2}{4}-\frac{3}{4(1+Kn_{\text{f}})}+\frac{Kn_{\text{f}}(2\alpha-1)^2}{4(1+Kn_{\text{f}})}$	滑移流区,滑移流区

连续流区和自由分子区通过克努森数(Kn_{f})来区分。克努森数定义为分子平均自由程与纤维半径之比,使用纤维直径则可以表示为

$$Kn_{\text{f}}=\frac{2\lambda_{\text{g}}}{d_{\text{f}}} \tag{4.24}$$

对于一些常见颗粒(见 1.1.2 节),通常认为在环境压力和温度下,当纤维尺寸小于 1μm 时,周围流体不再作为连续流区考虑。换言之就是对于大部分的超高效过滤器或由纳米纤维构成的过滤器而言,在分析纤维介质的过滤性能时需要把纤维附近流体"滑移"的影响考虑在内。

除前文所述的"圆柱体"模型外,另一个由 Kirsch 和 Stechkina 开发的"扇叶(fan)"模型也经常被使用,建立此模型的初衷是为了使模型分析更加贴近于过滤介质内的真实流场。因此该模型中的过滤介质视为由一层层随机叠加的滤网组成,而这些滤网又由若干等间距且平行的圆柱体构成。扇叶模型的水动力学因数表达式为

$$H_{\text{Fan}}=-0.5\ln\alpha-0.52+0.64\alpha+1.43(1-\alpha)Kn_{\text{f}} \tag{4.25}$$

考虑到现实情况下过滤器纤维尺寸的多分散性,Kirsch 建议将式(4.25)中的 α 替换为 $\alpha/(1+a\alpha)$,其中 a 的定义见式(4.17)(参见[KIR 75,KIR 78])。

需要说明的是上面提出的所有模型均不能反映出真实纤维结构中的流场,所以,根据选取的具体模型不同,需要有不同的表达式用于计算每种过滤机制对应的单纤维捕集效率,并且这些表达式都假定一旦颗粒与纤维接触就一定被捕获(见附录)。

4.3.2 单纤维扩散效率

扩散捕集机制对于小尺寸颗粒($d_{\text{p}}<0.1\mu\text{m}$)的影响十分显著,它表示颗粒因布朗扰动而与过滤纤维接触且黏着在纤维上面的情况(图 4.4,见附录)。

无量纲贝克来数(Pe)是扩散捕集机制的特征参数,它表示颗粒的对流输运率与扩散输运率之比,其表达式为

$$Pe=\frac{d_{\text{f}}U}{D} \tag{4.26}$$

表 4.3 列出了一些现有的单纤维扩散捕集效率计算式,其中除了 Rao[RAO 88]、Payet[PAY 92]、Liu[LIU 90]以及 Wang[WAN 07]的模型外大部分都符合贝克来数的 −2/3

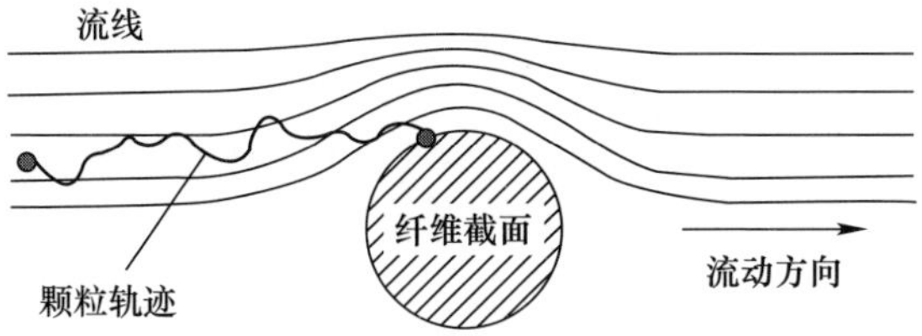

图 4.4　颗粒的扩散捕集机制

次方规律。还需要注意的一点是表中的大部分表达式都是应用于连续流区的，只有 Payet[PAY 92,PAY 91]、Liu[LIU 90]及 Kirsch[KIR 78]的表达式属于非连续流区。

图 4.5 表示了从文献中找到的一些单纤维扩散捕集效率与贝克来数关系式的曲线。为了便于比较，式中涉及的一些参数都设置为工业中常见的值，例如纤维填充密度为 0.08，过滤速度为 3cm/s，纤维直径为 1μm。

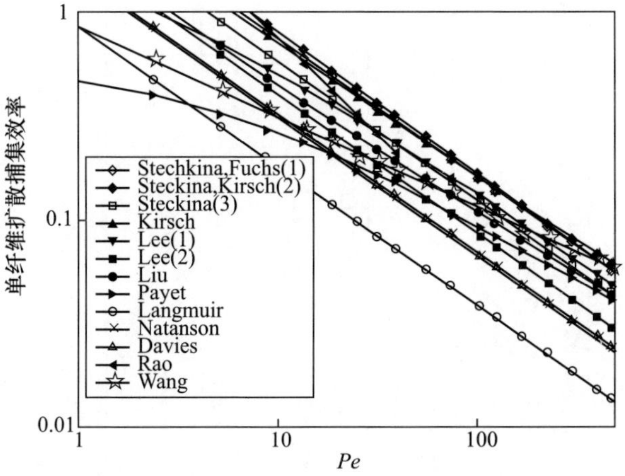

图 4.5　单纤维扩散捕集效率（表 4.3 列出的不同模型间的比对）

由图 4.5 可以看出，不同表达式的结果不同（最高达 4 倍之多）。所以可以把模型分为 3 类。

第一类模型包含 Langmuir[LAN 48]、Matteson[MAT 87]和 Davies[DAV 73]的模型。这些模型要么是最早建立的那一批，要么是由最早的模型推导而来。这些表达式都保持了较简单的形式且计算出的扩散捕集效率都偏低，因此这些模型都未得到广泛应用。

第二类模型包含 Stechkina[STE 66,STE 69b]、Kirsch[KIR 78]、Rao[RAO 88]及 Lee 和 Liu[LEE 82b]等的模型。这类模型基于颗粒的理论轨迹建立，这类模型之间的区别是由于采用不同的水动力学因数造成的。然而这些模型的结果随贝克来数的变化曲线显示其算得的单纤维捕集效率都偏高。

表 4.3　一些单纤维扩散捕集效率表达式

作者	单纤维扩散过滤效率 η_D 表达式	备注	适用范围
Fuchs 和 Stechkina(1)[FUC 63]	$2.9H_{Ku}^{-1}Pe^{-2/3}$	理论模型	$Pe>2;R\ll1$
Stechkina 等(2)[STE 69b]	$2.9H_{Ku}^{-1/3}Pe^{-2/3}+0.624Pe^{-1}$	理论模型	$Pe\gg1;Re_f\ll\alpha^{1/2};\alpha\ll1$
Kirsch 和 Fuchs[KIR 68]	$2.7Pe^{-2/3}$	经验模型	$0.01<\alpha<0.15$
Kirsch[KIR 78]	$2.7Pe^{-2/3}(1+0.39H_{Fan}^{-1}Pe^{1/3}Kn_f)+0.624Pe^{-1}$		
Lee 和 Liu(1)[LEE 82a]	$2.6\times[(1-\alpha)/H_{Ku}]^{1/3}Pe^{-2/3}$	理论模型	
Lee 和 Liu(2)[LEE 82b]	$1.6\times[(1-\alpha)/H_{Ku}]^{1/3}Pe^{-2/3}$	理论模型结合实验结果	
Liu 和 Rubow[LIU 90]	$1.6\times[(1-\alpha)/H_{Ku}]^{1/3}Pe^{-2/3}\mathrm{Cd}$ $\mathrm{Cd}=1+0.388Kn_f[(1-\alpha)Pe/H_{Ku}]^{1/3}$	因流体滑移，引入 Cd	
Payet 等[PAY 92]	$1.6\times[(1-\alpha)/H_{Ku}]^{1/3}Pe^{-2/3}\mathrm{Cd}\,\mathrm{Cd}'$ $\mathrm{Cd}=1+0.388Kn_f[(1-\alpha)Pe/H_{Ku}]^{1/3}$ $\mathrm{Cd}'=[1+1.6\times[(1-\alpha)/H_{Ku}]^{1/3}Pe^{-2/3}\mathrm{Cd}]^{-1}$	Cd 和 Cd′为修正因子	适用于液态气溶胶 $0.02\mu m<d_p<0.5\mu m$ $d_f=1\mu m$ 且 $\alpha=0.08$
Langmuir[LAN 48]	$1.7H_{La}^{-1}Pe^{-2/3}$	理论模型	
Matteson[MAT 87]	$2.9H_{La}^{-1}Pe^{-2/3}$	理论模型	
Davies[DAV 73]	$1.5Pe^{-2/3}$		
Rao 和 Faghri(1)[RAO 88]	$4.89\times[(1-\alpha)/H_{Ku}]^{0.54}Pe^{-0.92}$	理论模型	$0.029<\alpha<0.1$ $Pe<50$
Rao 和 Faghri(2)[RAO 88]	$1.8\times[(1-\alpha)/H_{Ku}]^{1/3}Pe^{-2/3}$	理论模型	$0.029<\alpha<0.1$ $100<Pe<300$ $0.26<Re_f<0.31$
Wang[WAN 07]	$0.84Pe^{-0.43}$	经验模型	

第三类模型直接由理论表达式推导而来。为了使计算值更贴近实验值，这些模型在理论表达式的基础上引入了一个修正系数。Lee[LEE 82a]的模型通过引入一个与流体滑移有关的系数被 Liu[LIU 90]进行修正，而后此模型又被 Payet 改进[PAY 92]。需要说明的是，在贝克来数较小的情况下多数模型的过滤效率都大于 1，而 Payet 的模型通过引入修正系数避免了这种情况的发生。

4.3.3 单纤维拦截效率

拦截捕集机制主要对直径大于 0.1μm 的颗粒起作用。此机制假设当一个直径为 d_p 的颗粒靠近纤维且与纤维之间的距离小于颗粒半径时，颗粒即被纤维拦截俘获（图 4.6）。

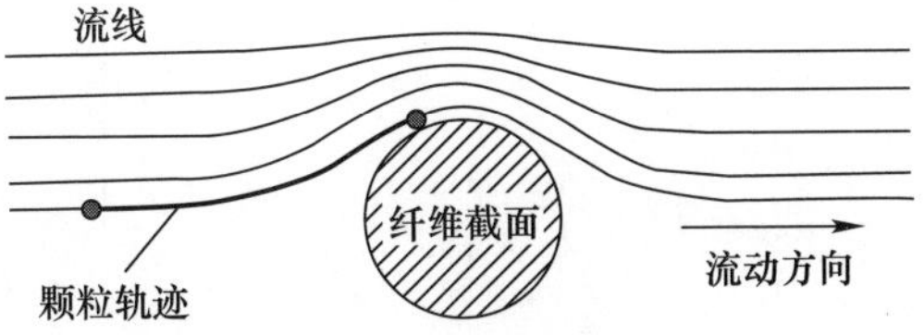

图 4.6　颗粒的拦截捕集机制

拦截捕集机制的效率是拦截参数 R 的函数，它与过滤速度无关，则

$$R = \frac{d_p}{d_f} \tag{4.27}$$

图 4.7 展示了表 4.4 中单纤维拦截过滤效率表达式的计算结果。从图中可

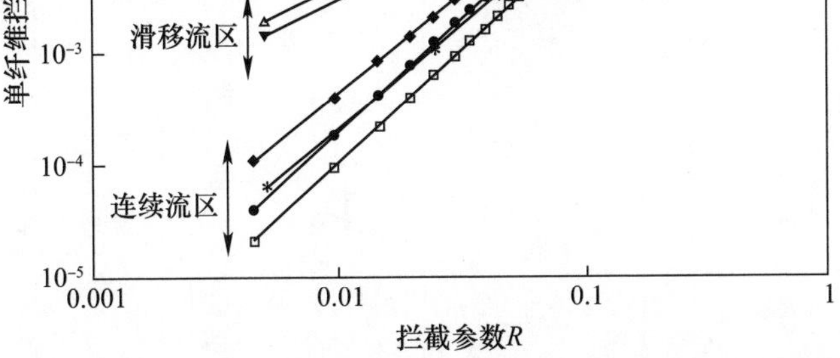

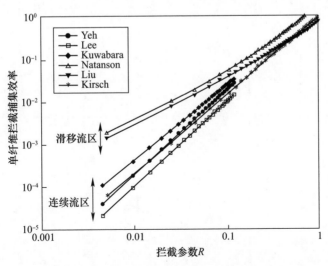

图 4.7　单纤维拦截捕集效率（表 4.4 列出的不同模型间的比对）

表 4.4　不同的单纤维拦截过滤效率表达式

作者	单纤维拦截过滤效率 η_R 表达式	备注	适用范围
Stechkina 等[STE 69b]	$\frac{1}{2H_{Ku}}\left[2(1+R)\ln(1+R)-(1+R)+\frac{1}{1+R}\right]$	连续流区,理论模型 Kuwabara 通量	
Kirsch[KIR 78]	$\frac{1}{2H_{Fan}}\left[2(1+R)\ln(1+R)-(1+R)+\frac{1}{1+R}+\frac{2.86(2+R)R}{1+R}Kn_f\right]$	滑移流区	
Lee 和 Liu[LEE 82b]	$0.6\frac{1-\alpha}{H_{Ku}}\frac{R^2}{1+R}$	连续流区,经验公式 Kuwabara 通量	$1\text{cm/s}<U_f<30\text{cm/s}$ $0.05\mu\text{m}<d_p<1.3\mu\text{m}$ $0.0045<R<0.12$ $0.0086<\alpha<0.151$
Kuwabara	$2.9\alpha^{1/3}R^{1.75}$	连续流区,理论模型 Kuwabara 通量	
Cai(由 Miecret 引用)[MIE 89]	$2.4\alpha^{1/3}R^{1.75}$	连续流区 Kuwabara 通量	
Natanson(由 Matteson 引用)[MAT 87]	$\frac{R(R+1.996Kn_f)}{H+1.996Kn_f(H+R)}$	$H=-0.7-0.5\ln(\alpha)$ 滑移流区	
Liu 和 Rubow[LIU 90]	$0.6\frac{1-\alpha}{H_{ku}}\frac{R^2}{1+R}\text{Cr}$ $\text{Cr}=1+1.996\frac{Kn_f}{R}$	滑移流区 Cr 为滑移修正因子	$0.5\text{cm/s}<v_o<100\text{cm/s}$ $0.005\mu\text{m}<d_p<1\mu\text{m}$

明显看出,随着拦截参数值的上升(也就是说对于一个给定的颗粒尺寸,纤维直径降低),拦截过滤效率上升。同时也要注意到滑移流区的单纤维拦截过滤效率要远大于连续流区的值。

4.3.4 单纤维惯性碰撞效率

由于颗粒本身具有一定惯性,因此纤维附近的颗粒无法完全跟随气流的流线运动,这可能造成颗粒撞击在纤维表面(图 4.8)。由于通常大尺寸颗粒具有更大的惯性,因此这种过滤机制主要影响微米级颗粒($d_p > 1\,\mu m$)的捕获。

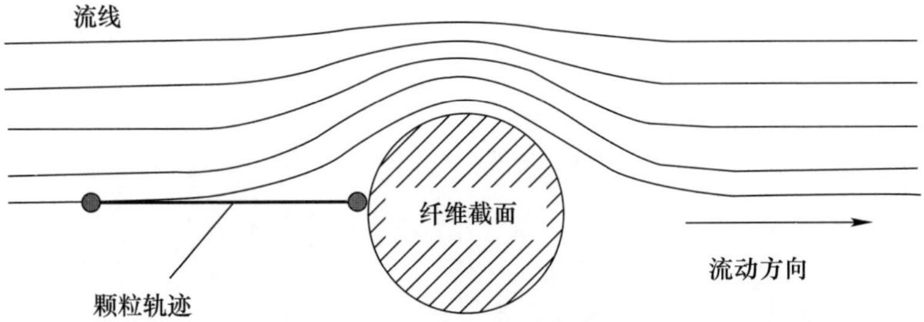

图 4.8 颗粒的惯性碰撞捕集机制

惯性碰撞机制涉及的无量纲参数为斯托克斯数,它的定义为颗粒的滞止距离与障碍物的几何长度之比,而根据不同学者的研究,发现这个几何长度可以是纤维的半径(式(4.28)[PIC 87]),也可以是纤维的直径(式(4.29)[DAV 73, STE 69b, STE 75, SUN74, ISR 83])。

因此,斯托克斯数 Stk 的表达式为

$$\mathrm{Stk} = \frac{\rho_p d_p^2 \mathrm{Cu} U_f}{9\mu d_f} \tag{4.28}$$

或者

$$\mathrm{Stk}' = \frac{\rho_p d_p^2 \mathrm{Cu} U_f}{18\mu d_f} \tag{4.29}$$

表 4.5 列出了大部分能从文献中找到的单纤维惯性碰撞捕集效率模型。容易发现,表中模型的适用情况既受到以雷诺数为特征的精确流态的限制,又受到颗粒-纤维构型的几何特征的限制(具体来说是受拦截参数 $R = d_p/d_f$ 的限制)。

表 4.5　一些不同的单纤维惯性碰撞捕集效率表达式

作者	单纤维惯性碰撞捕集效率 η_I 表达式	备注	适用范围
Langmuir[LAN 48]	$\dfrac{\mathrm{Stk}^2}{(1+0.55\mathrm{Stk})^2}$		$Re_f<1$
Friedlander[FRI 67]	$0.075\mathrm{Stk}^{6/5}$	经验关系式	$0.8<\mathrm{Stk}<2$ $Re_f<1$ 且 $R<0.2$
Stechkina[STE 69b]	$\dfrac{I\mathrm{Stk}}{(2H_{\mathrm{Ku}})^2}$ $I=(29.6-28\alpha^{0.62})R^2-27.5R^{2.8}$	理论方法	$0.01<R<0.4$ $0.0035<\alpha<0.11$
Gougeon[GOU 94]	$0.0334\mathrm{Stk}^{3/2}$	经验关系式 Stk 的值由式(4.28)给出	$0.5<\mathrm{Stk}<4.1$ $0.03<Re_f<0.25$
Landhal 和 Hermann[LAN 49]	$\dfrac{\mathrm{Stk}^3}{\mathrm{Stk}^3+0.77\mathrm{Stk}^2+0.22}$	经验关系式 Stk 的值由式(4.25)给出	
Ilias 和 Gouglas[ILI 89]	$\dfrac{\mathrm{Stk}'^3+1.622\times10^{-4}/\mathrm{Stk}'}{1.031\mathrm{Stk}'^3+[1.14+0.04044\ln(Re_f)]\mathrm{Stk}'^2+0.01479\ln(Re_f)+0.2013}$	关系式由数值计算获得 Stk 的值由式(4.29)给出	$30<Re_f<40000$ $0.07<\mathrm{Stk}'<5$

图 4.9 展示了单纤维的惯性捕集效率随斯托克斯数的变化曲线。图中的模型可分为 3 类：第一类是 Landhal 模型[LAN 49]和 Ilias 模型[ILI 89]，这两个模型计算出的过滤效率值的大小存在上限(随着斯托克斯数的增长效率值增长减缓)；第二类是 Langmuir 模型[LAN 48]及 Stechkina 模型[STE 69b]，当斯托克斯数大于 3 时这两个模型算出的过滤效率值会超过 1，所以其适用条件比较有限；第三类是 Friedlander 模型[FRI 67]和 Gougeon 模型[GOU 94]，相较于前述的两类模型，此类模型的过滤效率值相对较小。

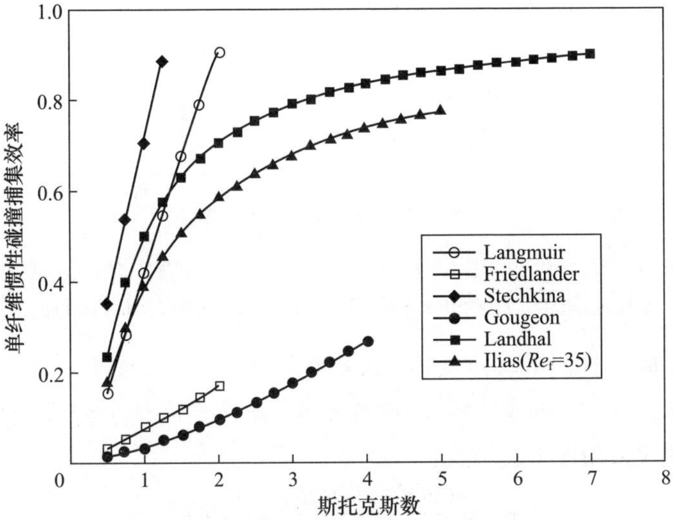

图 4.9　单纤维惯性碰撞捕集效率(表 4.5 列出的不同模型间的比对)

Dunn 和 Renken 选取直径从 25.4 ~ 254μm 的若干组过滤纤维和直径为 3μm 的乳胶颗粒进行单纤维惯性碰撞捕集效率实验[DUN 87]，并将实验值与上述模型的计算值相比对(图 4.10)，可以看出大部分模型的计算值与实验值相比都偏大。虽然 Gougeon[GOU 94]的模型的适用条件并不符合实验环境(此模型要求 $Re_f < 0.25$)，但其结果却是诸多模型中最符合实验值的。

为了使总结的单纤维过滤模型更加全面，这里还要单独介绍 Suneja 和 Lee 的模型[SUN 74]，此模型将单纤维的惯性碰撞机制与拦截机制一并综合考虑。而后 Muhr 对此模型进行改进：

$$\eta_{IR} = \left\{ \frac{1}{\left[1 + \frac{1.53 - 0.23\ln(Re_f) + 0.0167\ln^2(Re_f)}{\mathrm{Stk}}\right]^2} + \frac{2}{3}\frac{R}{\mathrm{Stk}} \right\}(1 + R) \quad (4.30)$$

式(4.30)由 Schweers 等引用[SCH 94]，使其兼顾单纤维捕集效率的定义式，其

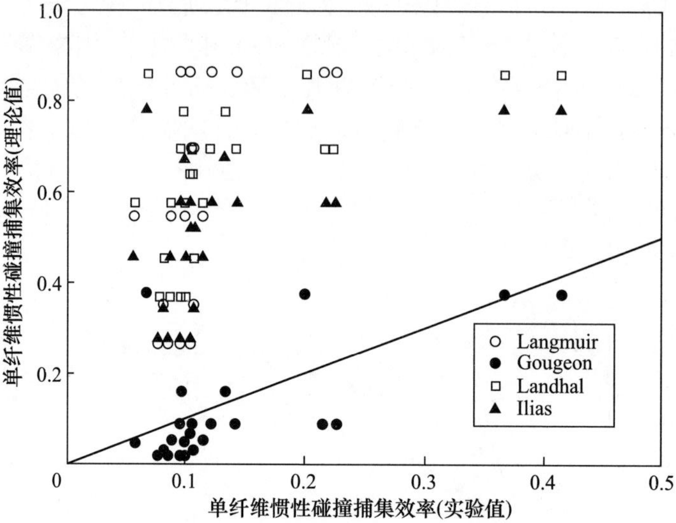

图 4.10 单纤维惯性碰撞捕集效率的模型结果(与 Dunn[DUN 87]的实验值的比对，参数范围为 $0.71 < \mathrm{Stk} < 5.02$、$3.5 < Re_f < 49$、$0.012 < R < 0.118$)

适用条件为 $Re_f < 500$、$R < 0.15$、$1 < \mathrm{Stk} < 20$。

根据 Dunn 和 Renken[DUN 87]的研究结果，此模型高估了纤维的捕集效率。Ptak[PTA 90]建议采用以下关系式：

$$\eta_{IR} = \frac{(\mathrm{Stk}' - 0.75 Re_f^{-0.2})^2}{(\mathrm{Stk}' + 0.4)^2} + R^2 \tag{4.31}$$

式(4.31)的适用条件为 $0.6 < Re_f < 6$ 且 $R \leqslant 0.64$。

Schweers 等[SCH 94]又提出另一种计算式：

$$\eta_{IR} = \left(\frac{\mathrm{Stk}'}{\mathrm{Stk}' + 0.8} - \frac{2.46 - \lg Re_f - 3.2R}{10\sqrt{\mathrm{Stk}'}}\right)(1 + \mathrm{R}) \tag{4.32}$$

式(4.32)的适用条件为 $1 < Re_f < 60$、$\eta_{IR} > 0.05$ 且 $R \leqslant 0.15$。

总的来说，由于文献中的捕集效率计算式的结果之间有很大差别，因此很难推荐使用其中的某一种模型。造成这种差异的主要原因是，绝大多数的捕集效率模型是通过实验方法或基于单根圆柱纤维的仿真确定的，或者是通过纤维介质的捕集效率与式(4.15)耦合确定的，所以这些方法并未考虑到相邻纤维之间的相互影响。然而，Schweers 等[SCH 94]已经明确地证明了纤维之间的相互作用会对单纤维的捕集效率造成影响。他们证实了 Choudhary 和 Gentry[CHO 77]的研究结果，即两条并列共存的纤维的平均单纤维捕集效率要高于只有一根纤维时的捕集效率，且当两条纤维的间距较小、纤维直径较大时，前一种情况的平均单纤维捕集效率会更大。他们对此的解释为当多条纤维并存时，纤维周围的气体流线被压缩，这使得气流携带的颗粒与纤维表面的距离更近，因此颗粒被纤维俘获去除的概率更高。学者们还发现，当两条纤维沿气流方向前后放置时，其平均单纤维捕集效率要低于只有一条纤维时的捕集效率。此现象可通过上游纤维对下游纤维的“遮蔽效应”做简单地解释，并且当纤维间的距离较小时此现象会更加显著。

4.3.5 单纤维静电捕集效率

只要纤维和颗粒其中之一携带电荷，则静电力就有可能影响到纤维的捕集效率。而静电力又可分为：

(1) 镜像力，当颗粒带电荷而纤维为电中性时此力存在；

(2) 极化力，当纤维带电荷而颗粒为电中性时此力存在；

(3) 库仑力，当纤维和颗粒都带有电荷时此力存在。

上述静电力在静电驻极过滤材料中具有很大优势（见 2.3.1 节），这种过滤材料的纤维通常采用高分子聚合物材料制作，工作时其表面可以维持静电荷分布。在有电荷供应条件下，这种过滤器不需要提升压降就能获得很高的过滤效率，换言之就是能够节省能源[EMI 87, BRO 93, LEE 02, WEI 06]。类似于前面章节中的几种过滤机制，我们也能对这 3 种静电力各自的单纤维捕集效率 η_{elec} 进行定义（表 4.6）。在表 4.6 中，ε_{f} 和 ε_{p} 分别表示纤维和颗粒各自的介电常数，而 ε_0 表示真空介电常数（8.84×10^{-12}F/m），q 为单个颗粒携带的电荷量：

$$q = n \times e \tag{4.33}$$

式中：n 为单个颗粒携带的元电荷数量；e 为元电荷的电量。

使用 Stenhouse 表达式[STE 74]或 Kraemer 和 Johnstone 表达式[KRA 55]的主要困难在于难以确定纤维的线电荷密度 λ_{c}（单位 C/m）。

对于超细纤维而言，布朗扩散和静电力可能同时对颗粒的捕集造成影响。然而，目前对直径小于 100nm 的纤维的捕集效率研究还很少。Alonso 等[ALO 07]进行了一系列的捕集实验，他们使用滤网测量得到不同直径（25 ~ 65nm）和不同带电量（1 ~ 3 个元电荷）的颗粒的捕集效率，基于布朗扩散和镜像力相互独立的假设得到了一个捕集效率计算式。研究得出表达式如下：

$$\eta = \eta_{\mathrm{D}} + \eta_{0\mathrm{q}} \tag{4.34}$$

也可表示为

$$\eta = 2.7Pe^{-2/3} + 29.7N_{0\mathrm{q}}^{0.59} \tag{4.35}$$

为了在 $N_{0\mathrm{q}}$ 上保留 1/2 的指数，Alonso[ALO 07]也推荐使用：

$$\eta = 2.7Pe^{-2/3} + 9.7N_{0\mathrm{q}}^{1/2} \tag{4.36}$$

表 4.6　一些单纤维静电捕集效率表达式

作者	单纤维静电过滤效率 η_{elec} 表达式	备注	适用范围
颗粒带电,纤维电中性(镜像力)			
Lundgren 和 Whitby[LUN 65] Yoshioka 等[YOS 68] Alonso 等[ALO 07]	$\eta_{0q}=1.5N_{0q}^{1/2}$ $\eta_{0q}=2.3N_{0q}^{1/2}$ $\eta_{0q}=9.7N_{0q}^{1/2}$	$N_{0q}=\frac{\varepsilon_f-1}{\varepsilon_f+1}\frac{q^2C_c}{12\pi^2\mu U_f\varepsilon_o d_p d_f^2}$ ε_f 为纤维的介电常数,q 为颗粒携带的电荷量	
颗粒电中性,纤维带电(极化力)			
Stenhouse[STE 74] Kraemer 和 Johnstone[KRA 55]	$\eta_{0q}=0.84N_{q0}^{0.75}$ $\eta_{0q}=\left(\frac{3\pi}{2}\right)^{1/3}N_{q0}^{0.75}$	$N_{0q}=\frac{\varepsilon_p-1}{\varepsilon_p+1}\frac{\lambda_c^2 d_p^2 C_c}{3\pi^2\mu U_f\varepsilon_o d_f^2}$ ε_p 为颗粒的介电常数,λ_c 为纤维的线电荷密度	$\alpha<0.03$ $0.03<N_{0q}<0.91$
颗粒与纤维都带电(库仑力)			
Kraemer 和 Johnstone[KRA 55]	$\eta_{qq}=\pi N_{qq}$	$N_{qq}=\frac{\lambda_c q C_c}{3\pi^2\mu U_f\varepsilon_o d_p d_f}$	

在这项研究中，Mouret[MOU 08]对纤维的属性进行了区分。对于合成纤维，库仑力和布朗扩散作用对带电纳米颗粒的捕集起主导作用；对于玻璃纤维，只有镜像力和布朗扩散作用决定其捕集效率。因此，推荐使用以下表达式。

对于合成纤维，有

$$\eta = 0.87Pe^{-1/2} + \pi N_{qq}^{3/4} \tag{4.37}$$

对于玻璃纤维，有

$$\eta = 0.87Pe^{-1/2} + \gamma N_{0q}^{1/3} \tag{4.38}$$

式中：$1.15 < \gamma < 1.56$。

4.3.6 颗粒反弹

到本节为止，我们还是假设任何与纤维接触的颗粒都会黏着在纤维上。对于固体颗粒而言，此假设是缺乏说服力的。近年来有关颗粒反弹的话题已经成为研究的焦点，尤其是纳米颗粒的反弹。

4.3.6.1 纳米颗粒的反弹

对于纳米颗粒的过滤而言，其过滤机制基本上就是布朗扩散作用。现在有很多计算布朗扩散过滤效率的理论和经验计算式（表 4.3），所有的这些计算式的结果都表明随着颗粒尺寸的减小其过滤效率会上升（图 4.5）。

然而，Wang 和 Kasper[WAN 91]对颗粒尺寸降低造成过滤效率提高的规律提出了质疑，并且提出了颗粒在纤维表面热反弹的概念。他们认为当颗粒与纤维接触时两者之间发生黏着的概率并非为 1，而是取决于颗粒的尺寸和动能。通过计算得出结论：当颗粒尺寸小于 10nm 时其过滤效率可能会随直径减小而下降。而后 Wang[WAN 96]基于 Ichitsubo 等[ICH 96]的不锈钢滤网过滤超细颗粒的实验结果，对上述假设进行了验证确认。以同样的方式，Otani[OTA 95]也观察到在圆柱形管道内直径小于 2nm 的颗粒具有更高的穿透率，此现象同样也可以用颗粒的热反弹理论解释。最后，Balazy 等[BAL 04]对癸二酸二乙基己酯（DEHS）液滴的 G4 和 F5 系列滤网开展过滤实验，实验结果显示当颗粒尺寸小于 20nm 时其过滤效率开始下降。

然而，其他有些学者将上述的结果归因于实验方法和测量仪器。因此，Alonso[ALO 97]将 Otani 和 Ichitsubo 的结果归因于颗粒尺寸的选择问题。事实上当使用单个差分迁移率分析仪（DMA）时，粒径谱的测量下限附近（$d_p < 5$nm）可能出现差异。Alonso 使用两个串联的差分迁移率分析仪组成的原始测量系统，进行不锈钢滤网的过滤实验，并取得颗粒的单纤维捕集效率，但并未观察到过滤效率随颗粒直径减小而上升这一现象（即使被测颗粒为直径小至 1.36nm 的离

子)。Skaptsov 等[SKA 96]使用直径从 3.1nm 到 15.4nm 的三氧化钼和三氧化钨颗粒通过不锈钢滤网组成扩散组件,对其开展过滤实验。实验结果证明对于此粒径范围的颗粒,其穿透率随着颗粒直径变小而降低。最终,Heim[HEI 05]在控制条件下采用氯化钠颗粒进行过滤实验,结果显示对于不同过滤介质,粒径一直减小到 2.5nm,过滤效率都在上升。

Mouret[MOU 08]的研究结果表明 Wang 和 Kasper 的热反弹理论与超细颗粒的纤维介质过滤实验结果之间的不一致是完全正常的。Mouret[MOU 11]基于更接近实际的假设并将其与 Wang 和 Kasper 的理论相结合,论证了只有当颗粒的直径小于 1nm 时过滤效率才可能降低而非是原作者理论中声称的 10nm。此结论得到室温条件下碳颗粒和氧化铜颗粒实验结果的验证(颗粒直径从 4nm 到 10nm)。

将上述 Mouret 模型应用到滤网得到的结果表明,当颗粒的尺寸超过一个明确的临界值时(此临界值对应着最小穿透率),其过滤效率随着温度上升而上升,这可以解释为由纳米颗粒的布朗扰动加剧造成(图 4.11)。另外,对于尺寸小于临界值的颗粒而言,其过滤效率随着温度上升而下降。这个结果与气体吸附理论的结论一致。根据气体吸附理论,对于给定的吸附剂,其吸附能力随着温度的上升而下降。

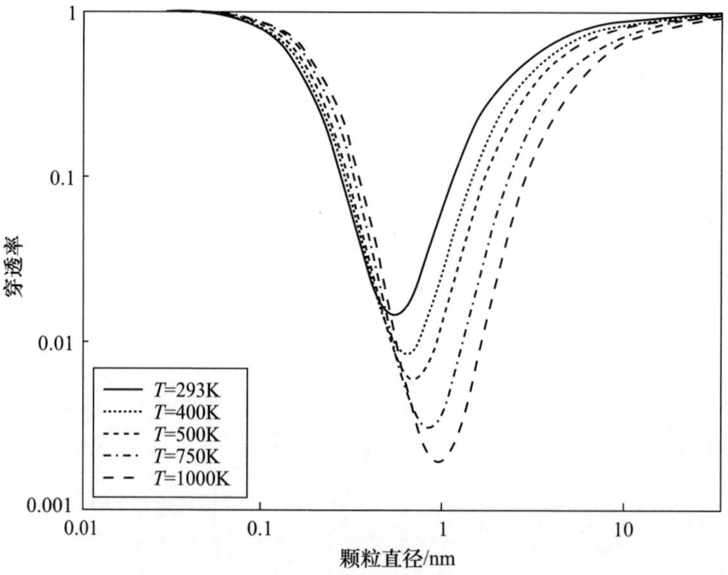

图 4.11 不同系统温度条件下穿透率的理论变化趋势(来自 Shin 等[SHI 08]的研究结果;根据 Mouret[MOU 11]的研究,参数范围为 $d_f=90\mu m$、$Z=180\mu m$、$\alpha=0.31$、$U_f=7.04cm/s$)

4.3.6.2 微米颗粒的反弹

对于大尺寸的固体颗粒而言，无反弹模型更不合理。因此，一些学者选择将单纤维的过滤效率乘以一个黏着概率 P_{Ad} 来进行修正。表 4.7 列出了一些黏着概率的表达式。

表 4.7 一些不同的黏着概率的表达式

作者	黏着概率 P_{Ad} 表达式	有效条件
Hiller(由 Kasper 引用[KAS 09])	$1.368\mathrm{Stk}'^{1.09}Re_f^{-0.37}$	$Re_f<1$ $1<\mathrm{Stk}'<20$ $P_{Ad}>0.1$
Ptak[PTA 90]	$\dfrac{190}{(\mathrm{Stk}'Re_p)^{0.68}+100}$	$22.8\mu m\leqslant d_f\leqslant 43.2\mu m$ $0.4m/s\leqslant U_f\leqslant 2m/s$ $2.5\mu m\leqslant d_p\leqslant 14.5\mu m$
Kasper[KAS 09]	$\dfrac{\mathrm{Stk}'^{-3}}{\mathrm{Stk}'^{-3}+0.0365Re_f^{2.46}+1.91}$	$20\mu m<d_f<30\mu m$ 乳胶颗粒 $1.3\mu m\leqslant d_p\leqslant 5.2\mu m$
Kasper[KAS 09]	$\dfrac{\mathrm{Stk}'^{-3}}{\mathrm{Stk}'^{-3}+2.10\mathrm{Stk}'^{-2}Re_f^{0.503}}$	$d_f=8\mu m$ 乳胶颗粒 $1.3\mu m\leqslant d_p\leqslant 5.2\mu m$

以上表达式中除了 Ptak 和 Jaroszcyk[PTA 90]表达式是由斯托克斯数和颗粒雷诺数表示的外，其余都是由斯托克斯数和纤维雷诺数表示。Jodeit 和 Loeffler[JOD 86]指出，多条纤维共存条件下颗粒的黏着概率要大于其在单条纤维的黏着概率。因此，目前来说，在没有补充基础研究的情况下很难确定颗粒的黏着概率。

4.4 总体过滤效率

4.4.1 实验模型的比较

大部分学者都是把单纤维的捕集效率视为每种捕获机制（扩散、拦截和惯性碰撞）各自的捕集效率之和。而另外一些学者如 Stechkina[STE 69b]、Miecret 和 Gustavson[MIE 89]则把扩散和拦截之间的相互影响（η_{DR}）也考虑在内，表示为

$$\eta_{DR} = 1.24 H_{Ku}^{-1/2} R^{2/3} Pe^{-1/2} \tag{4.39}$$

或

$$\eta_{DR} = 1.24 H_{Fan}^{-1/2} R^{2/3} Pe^{-1/2} \tag{4.40}$$

图4.12～图4.15将Gougeon[GOU 94]与Payet[PAY 91]的分级过滤效率实验结果（实验条件见表4.8）与采用不同组合方式模型的计算值（组合方式见表4.9）进行了对比。

表4.8　文献中过滤效率实验采用的纤维介质特性和实验运行条件

作者	Gougeon[GOU 94]	Gougeon[GOU 94]	Payet[PAY 91]	Payet[PAY 91]
图片标号	图4.12	图4.13	图4.14	图4.15
气溶胶种类	癸二酸二乙酯	癸二酸二乙酯	氯化钠	氯化钠
尺寸分布/μm	0.01～1	0.02～0.5	0.02～0.5	0.02～0.5
纤维直径/μm	1.1	2.7	1.35	1.35
纤维填充密度 α	0.08	0.099	0.08	0.08
过滤介质厚度/mm	0.2	0.3	0.2	0.2
过滤速度/(m/s)	0.05	0.04	0.02	0.0365

表4.9　纤维过滤器总体过滤效率的不同表达式

作者	过滤效率 η 表达式	η_D	η_R	η_I	η_{DR}	模型
Miecret 和 Gustavson	$\eta_D+\eta_R+\eta_I+\eta_{DR}$	Davies	Cai	Suneja 和 Lee（去除第二项）	Stechkina	模型1
Lee 和 Liu	$\eta_D+\eta_R$	Lee 和 Liu(2)	Lee 和 Liu			模型2
Liu 和 Rubow	$\eta_D+\eta_R$	Liu 和 Rubow	Liu 和 Rubow			模型3
Payet	$\eta_D+\eta_R$	Payet	Liu 和 Rubow			模型4
Gougeon	$\eta_D+\eta_R+\eta_I$	Lee 和 Liu(2)	Lee 和 Liu	Gougeon		模型5
Stechkina 等	$\eta_D+\eta_R+\eta_I+\eta_{DR}$	Kirsch 和 Fuchs	Yeh 等	Stechkina	Stechkina（式(4.39)）	模型6
Kirsch 等	$\eta_D+\eta_R+\eta_{DR}$	Kirsch	Kirsch		Kirsch（式(4.40)）	模型7

通过观察图4.12～图4.15容易发现，对于粒径从0.1μm到0.3μm之间的气溶胶而言，所有模型的结果都存在一个过滤效率最小值。在这个粒径范围内，对于布朗扩散去除机制来说粒径太大，而对于拦截和惯性碰撞去除机制来说粒径又太小。这个尺寸称为最易穿透粒径，而该尺寸的颗粒最难以过滤去除。纵观图中给出的所有效率曲线，似乎那些考虑了滑移流区的模型（Payet、Liu 和

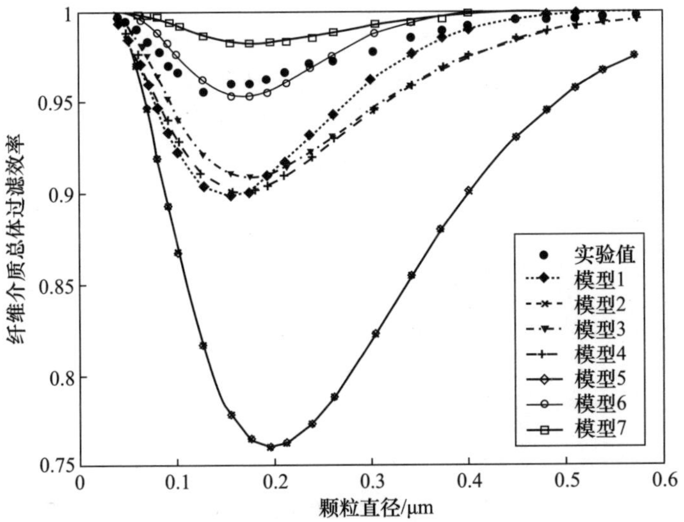

图 4.12　不同模型(表 4.9)的过滤效率与实验值[GOU 94]的比对($d_f = 1.1\mu m, \alpha = 0.08$)

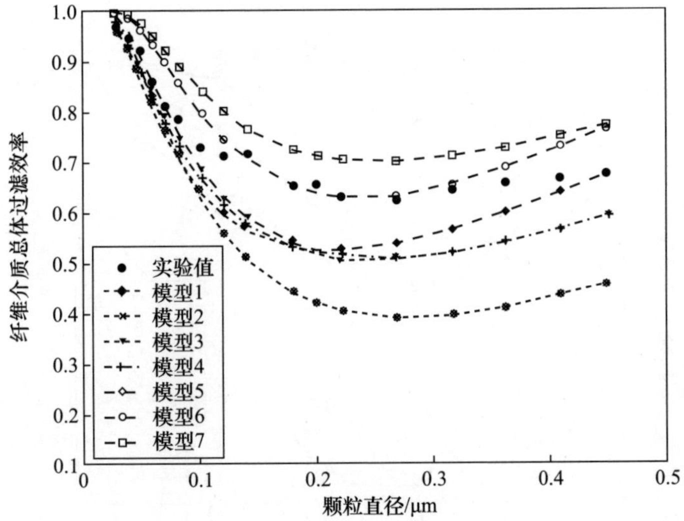

图 4.13　不同模型(表 4.9)的过滤效率与实验值[GOU 94]的比对($d_f = 2.7\mu m, \alpha = 0.099$)

Rubow 的模型)的结果都不太符合实验值。考虑到纤维总体过滤效率的表达式,由于 Miecret 和 Gustavson[MIE 89]模型、Gougeon[GOU 94]模型以及 Stechkina[STE 69a]模型都考虑了惯性碰撞机制的影响,所以与其他学者的模型相比,这些模型对于粒径大于 1μm 的颗粒的预测更加符合实验值。

表 4.9 中列出的模型可以分为 4 类。

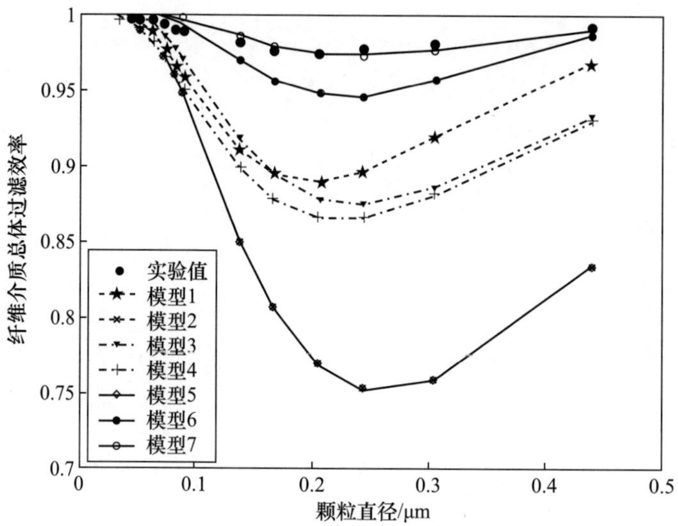

图 4.14　不同模型(表 4.9)的过滤效率与实验值[PAY 91]的比对
($d_f = 1.35\mu m, \alpha = 0.08, U_f = 0.02m/s$)

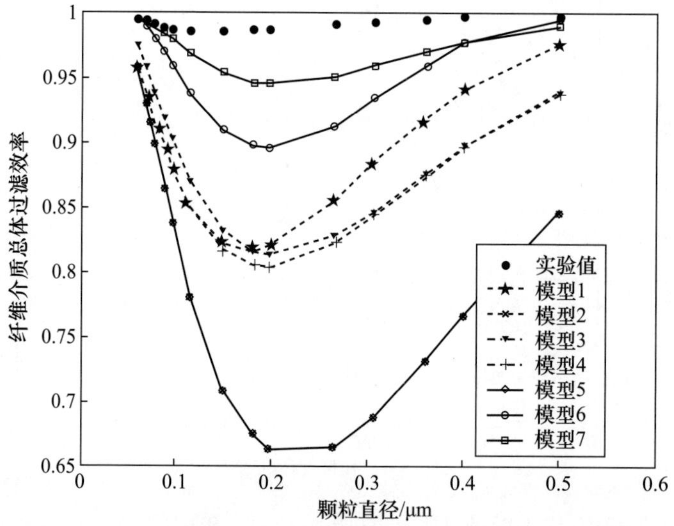

图 4.15　不同模型(表 4.9)的过滤效率与实验值[PAY 91]的比对
($d_f = 1.35\mu m, \alpha = 0.08, U_f = 0.0365m/s$)

1) 模型 1

Miecret 和 Gustavson[MIE 89]模型是单纤维过滤效率的不同表达式的汇总。他们将 Suneja 和 Lee[SUN 74]的惯性碰撞效率关系式的第一项用于计算颗粒的惯性碰撞过滤效率，但是并未对其进行解释。

2）模型 2 和模型 5

对于粒径小于 1μm 的颗粒来说，这两个模型逻辑上没有很大区别，因为两者之间的唯一不同就是 Gougeon 引入的与惯性有关的附加项。而对于此范围的速度和颗粒尺寸，其惯性碰撞机制几乎可以忽略，而对于更大的颗粒来说惯性碰撞的影响变得难以忽略。通过将实验结果和 Lee 和 Liu 模型（模型 2）和 Gougeon 模型（模型 5）进行对比，可以发现该模型远远低估了高效过滤器的过滤效率。

3）模型 3 和模型 4

Liu 和 Payet 的模型很相似，其区别仅在于 Payet 模型增加了一个扩散修正项。

4）模型 6 和模型 7

Stechkina 的模型与实验值吻合度比较好，仅有些高估了扩散机制的作用。模型 7 和实验结果相比同样也有较好的吻合度。

这里并不建议仅仅基于与实验值的比较结果来选取最佳模型，因为实际上并不存在某种通用模型能够准确计算所有类型纤维介质的分级过滤效率。绝大多数模型都没有完全考虑所有潜在的过滤机制，因为与静电作用相关的一些参数的值难以确定，所以模型开发者通常忽略静电作用。并且模型开发者仅考虑纤维的平均直径而非直径分布，还都将纤维介质当作均匀介质。

4.4.2 MPPS 评估与最小单纤维效率

在大多数实际应用中，基于纤维尺寸、填充密度和过滤速度等纤维介质的结构参数来计算最易穿透粒径和相应的过滤效率是十分有必要的。Lee 和 Liu[LEE 80]考虑到在最易穿透粒径附近扩散和拦截过滤机制起主导作用，所以推荐使用下式来计算最易穿透粒径和最小过滤效率：

$$d_{p_{\min}} = 0.0885 \times \left[\left(\frac{H_{Ku}}{1-\alpha}\right)\left(\frac{\sqrt{\lambda}\,kT}{\mu}\right)\left(\frac{d_f^2}{U_f}\right)\right]^{2/9} \tag{4.41}$$

$$\eta_{\min} = 1.44 \times \left[\left(\frac{1-\alpha}{H_{Ku}}\right)^5\left(\frac{\sqrt{\lambda}\,kT}{\mu}\right)^4\left(\frac{1}{d_f^{10}U_f^4}\right)\right]^{1/9} \tag{4.42}$$

考虑到上述的近似条件，以上两个表达式在严格条件下（$0.15 < Kn < 2.6$）理论上是可靠的。然而其作者也指出表达式的参数即使在指定的范围之外其结果也是可接受的。表达式与实验结果对比表明该模型具有很好的吻合度[LEE 80]，实验参数为纤维直径从 11μm 至 12.9μm、填充密度为 0.0086 ~ 0.42 和过滤速度为 1 ~ 100cm/s。图 4.16 给出了实验条件下的最易穿透粒径相对纤

维填充密度(式(4.41))的理论变化趋势,表明了在其他参数不变的情况下最易穿透粒径随着纤维填充密度或过滤速度的上升而下降。图4.17给出了最小过滤效率(式(4.42))相对纤维填充密度和过滤速度的变化趋势。

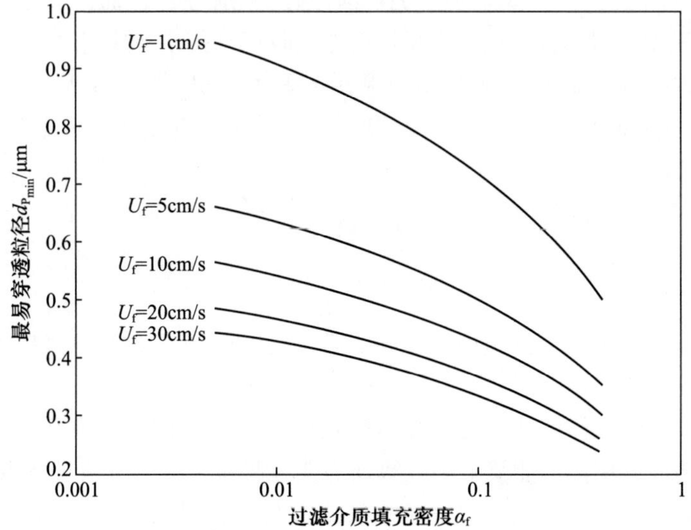

图4.16　在不同过滤速度条件下最易穿透粒径(式(4.41))随填充密度的变化趋势(d_f = 11μm,室温及常压)

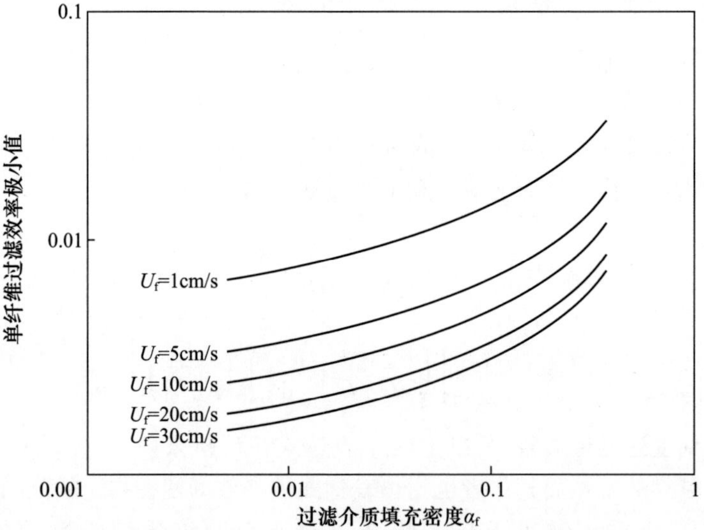

图4.17　在不同过滤速度条件下单纤维过滤效率极小值(式(4.42))随填充密度的变化趋势(d_f = 11μm,室温及常压)

4.4.3 介质非均匀性对效率的影响

4.4.3.1 过滤介质不均匀导致的流量分配不均

在3.1.4节中,研究表明过滤介质的非均质性造成的流量分配不均会影响到过滤介质的压降,从而在逻辑上可推断出这种流量的分配不均会影响过滤效率。为了阐明这一点,图4.18给出了前面示例中的理论过滤效率(见3.1.4节)。相应的,总体积分数为60%的纤维滤材由于介质非均匀性,导致过滤介质的表面积分数介于40%~55%。图4.18清晰地说明了当过滤介质的非均质度上升时所有分级过滤效率都会下降。

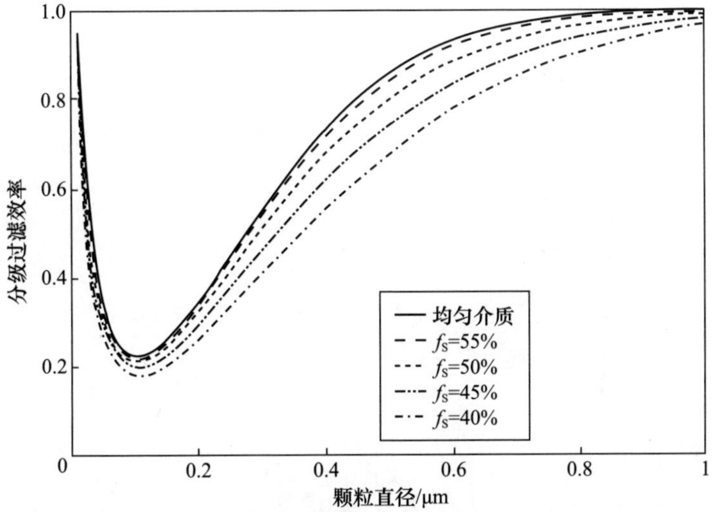

图4.18 非均质度对介质分级过滤效率的影响(假设总体积分数为60%的纤维滤材的表面积分数在40%~55%之间变化,$d_f = 2\mu m, Q_V = 10^{-2} m^3/s, Z = 500\mu m, \alpha = 0.1$)

为了将真实过滤器结构相对于滤网过滤模型(扇叶(fan)模型)存在的非均质性考虑在内,一些学者[YEH 74, KIR 75]将扇叶模型得到的单纤维过滤效率除以一个被称为非均质系数β的修正因子得到$\eta_{real} = \eta_{Fan}/\beta$,此系数等于模型的曳力系数$C_T$与真实过滤器的曳力系数$C_{Treal}$之比:

$$\beta = \frac{C_T}{C_{Treal}} \tag{4.43}$$

其中

$$C_T = \frac{4\pi}{H} \tag{4.44}$$

式中:H 为流体力学因数,由 Yeh 和 Liu[YEH 74]或 Kirsch[KIR 75]定义(表 4.2)。

$$C_{\text{Treal}}=\frac{\Delta P\pi d_{\text{f}}^{2}}{4\mu U_{\text{f}}\alpha Z} \tag{4.45}$$

这个方法曾被应用于非均匀过滤器以修正由均匀介质模型计算出的单纤维过滤效率,其做法是使用非均匀介质的压降与均匀介质压降之间的关系(图 4.19),即

$$\eta_{\text{real}}=\eta_{\text{theoretical}}\frac{\Delta P_{\text{heterogeneous}}}{\Delta P_{\text{homogeneous}}} \tag{4.46}$$

可得非均质系数:

$$\beta=\frac{\Delta P_{\text{homogeneous}}}{\Delta P_{\text{heterogeneous}}} \tag{4.47}$$

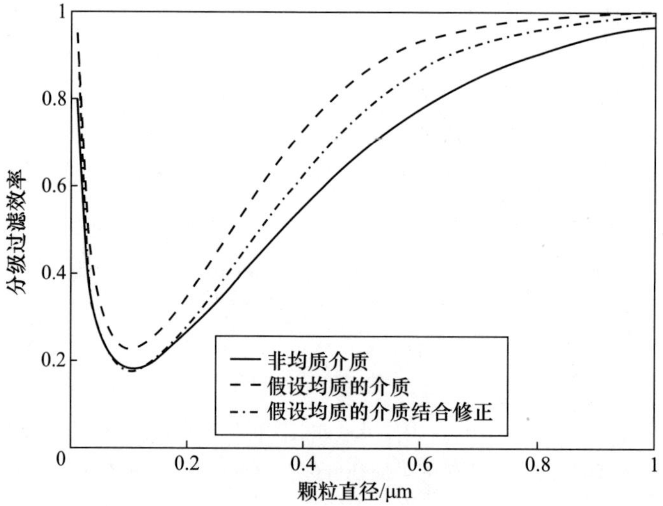

图 4.19 非均质系数 β 对于非均质介质分级过滤效率预测值的影响
(总体积分数为 60% 的纤维滤材的表面积分数为 40%,
$d_{\text{f}}=2\mu\text{m}, Q_{\text{V}}=10^{-2}\text{m}^{3}/\text{s}, Z=500\mu\text{m}, \alpha=0.1$)

必须注意的是,这种修正方法使我们可以改进对非均质材料的过滤效率的计算。而且这种修正方法在扩散领域尤其重要。

4.4.3.2 漏洞对于过滤效率的影响

过滤器介质的不均匀性可能通过明显的缺陷(如微孔)表现出来,这会大大降低过滤器性能。这说明需要尽可能地检查过滤介质制造过程中产生的漏洞。虽然当前对微米和亚微米级纤维介质的降级模式功能有了一些研究,但是除了

少量的研究(Liu[LIU 93]与 Mouret[MOU 09])外,对超细颗粒气溶胶的过滤研究还是非常少的。上述 Liu 和 Mouret 的研究提出了一个用于计算颗粒穿透率的模型,此模型考虑了有无漏洞存在的条件下纤维介质的流动阻力。因为该模型可区分穿过孔眼和穿过纤维垫的气溶胶通量的差别,所以可以容易地确定带有穿孔的平面过滤器的穿透率。研究人员参考了 Wang 的模型[WAN 07],得到用于计算单纤维扩散过滤效率的表达式:

$$P = 1 - f_{\mathrm{h}} \frac{R'_{\mathrm{m}}}{R_{\mathrm{m}}} \left\{ 1 - \exp\left[\frac{3.36\alpha Z}{\pi(1-\alpha) d_{\mathrm{f}}} \left(\frac{R'_{\mathrm{m}}}{R_{\mathrm{m}}} Pe \right)^{-0.43} \right] \right\} \tag{4.48}$$

式中:f_{h} 为穿孔表面积与过滤介质表面积的比值;Pe 为以平均流速计算的贝克来数。

图 4.20 表明了不同的穿孔大小对中性氧化铜气溶胶的穿透率的影响,并且可以观察到模型(式(4.48))和实验结果之间有很好的一致性。正如我们所预期的,当过滤器损坏时(出现穿孔),其过滤效率会随之下降,并且穿孔直径越大过滤效率的损失就越严重。然而同样需要注意的是,即使穿孔很小,对于最小颗粒的穿透率增大也是非常显著的。对于一个给定大小的穿孔,当颗粒尺寸超过某一值后,其穿透率趋向于常数。因此,决定过滤效率的不再是纤维结构中颗粒的俘获作用,而是穿孔本身。所以接下来针对纤维介质穿孔进行讨论。因为不同的穿孔尺寸对颗粒过滤产生的影响不同,所以穿孔不仅影响最小过滤效率,还会对过滤介质下游的颗粒的尺寸分布产生严重影响。事实上,穿孔过滤器的出

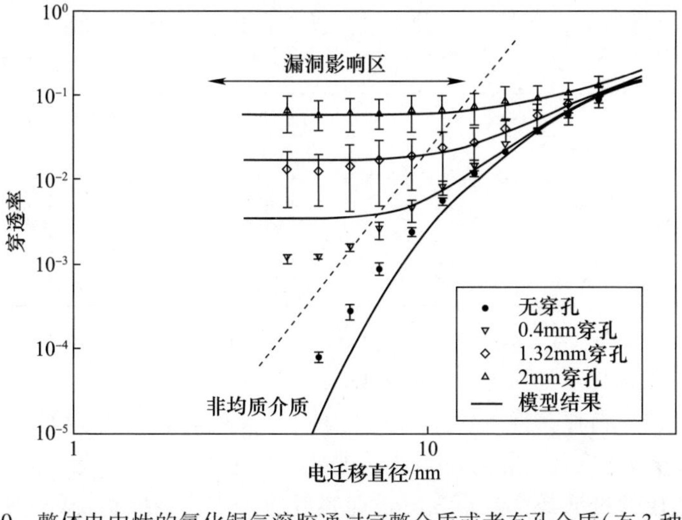

图 4.20　整体电中性的氧化铜气溶胶通过完整介质或者有孔介质(有 3 种孔径)的穿透率的特性($U_{\mathrm{f}}=5$cm/s,基于文献[MOU 09]的研究,虚线来自式(4.27))

口颗粒的中值直径要小于完整过滤器的值。因此,像总浓度(可能一直维持在最大限度以下)这样的一般过滤参数不再能够反映出穿孔的过滤介质的性能,而取而代之的将是过滤器出口颗粒的可接受的中值粒径(例如,那些必须被去除的颗粒的毒性取决于它们的尺寸。纳米颗粒可能就是这种情况)

在这项研究中作者还表明,对于相同的穿孔,相对于无孔过滤器的穿透率,随着流动阻力的增加,最小颗粒的穿透率上升得更快。这个结果可能给用于防护纳米颗粒的超高效过滤器带来挑战,因为这些过滤器通常有较高的流动阻力。因此,具有最小阻力且具有足够过滤效率的过滤器将被优先选择,因为在穿孔出现的情况下,其危害较小(甚至阻力足够低时能使过滤器保持可接受的效率水平)。

4.5 结　论

颗粒的捕集与如下的几种物理机制有关:

(1) 惯性碰撞;

(2) 布朗扩散;

(3) 拦截;

(4) 静电作用;

(5) 沉降(对大尺寸的颗粒影响显著)。

作者通过查阅文献获取了一些经验和理论表达式。表 4.10 总结了过滤介质特性、气溶胶和运行环境对每种主要过滤机制的捕集效率的影响。

表 4.10　与过滤相关的各种参数对扩散、拦截和惯性碰撞捕集效率的影响

过滤机制	气溶胶		运行条件	过滤器特征参数		
效率	ρ_p↗	d_p↗	U_f↗	d_f↗	α↗	Z↗
扩散	↘	↘	↘	↘	↗	↗
拦截	—	↗	—	↘	↗	↗
惯性	↗	↗	↗	↘	↗	↗

如果只考虑与惯性、拦截和扩散有关的几种捕集机制,则高效过滤器的过滤效率在颗粒直径处于 100 ~ 300nm 之间存在一个最小值,这个颗粒直径被称为最易穿透粒径。当存在静电作用而其他条件不变时,最易穿透粒径会向颗粒尺寸最小值方向偏移,并且相应的最小过滤效率会上升。

本章列出的过滤效率计算式都没能很好地与实验结果吻合。这是因为这些计算式都是基于理想排布的纤维周围的流动模型和均匀质地的过滤介质预设的。进一步说,相邻纤维的影响和纤维的几何形状也都没有被考虑在过滤效率

的最终计算中。然而，在纤维的几何形状方面，Lamb[LAM 75]通过实验指出三叶型、粗糙且曲折的纤维模型要优于圆柱形纤维模型。另外，我们有理由要像Spurny[SPU 98]那样去转变研究视角，从形态角度（针状（石棉纤维）、板状和团块）去考虑非理想颗粒的理论过滤效率，将现有模型的有效性范围扩展到可以对不同结构颗粒实验测量结果进行比较。此外，这项研究具有双重难点：一方面是要不间断且稳定地生成特定几何形状的颗粒；另一方面是要精细地表征这些颗粒以便我们不仅仅依赖一种特征度量（空气动力学直径、颗粒等效电迁移率的球体直径以及具有相同比面积的球体直径等）来考虑气溶胶的所有特征。

总之，目前所有这些模型都迫切需要与实验进行比较和调整，以便考虑过滤器的结构复杂性和气溶胶的特性。我们可以设想，在不远的未来，随着高性能数值程序的发展，再加上获得真实的纤维介质结构（如通过 X 射线断层摄影技术获取），我们将能对真实气溶胶的过滤效果进行更精确地计算。

参考文献

[ALO 97] ALONSO M., KOUSAKA Y., HASHIMOTO T. *et al.*, "Penetration of nanometersized aerosol particles through wire screen and laminar flow tube", *Aerosol Science and Technology*, vol. 27, no. 4, pp. 471 – 480, 1997.

[ALO 07] ALONSO M., ALGUACIL F., SANTOS J. *et al.*, "Deposition of ultrafine aerosol particles on wire screens by simultaneous diffusion and image force", *Journal of Aerosol Science*, vol. 38, no. 12, pp. 1230 – 1239, 2007.

[BAL 04] BALAZY A., PODGORSKI A., GRADON L., "Filtration of nanosized aerosol particles in fibrous filters. I – experimental results", *Journal of Aerosol Science*, vol. 35, no. suppl. 2, pp. S967 – S968, 2004.

[BRO 93] BROWN R., *Air Filtration: An Integrated Approach to the Theory and Applications of Fibrous Filters*, Pergamon Press, Oxford, 1993.

[CHE 90] CHEN C., RUUSKANEN J., PILACINSKI W. *et al.*, "Filter and leak penetration characteristics of a dust and mist filtering facepiece", *American Industrial Hygiene Association Journal*, vol. 51, no. 12, pp. 632 – 639, 1990.

[CHO 77] CHOUDHARY K. R., GENTRY J. W., "A model for particle collection with potential flow between two parallel cylinders", *The Canadian Journal of Chemical Engineering*, vol. 55, no. 4, pp. 403 – 407, 1977.

[DAV 73] DAVIES C., *Air Filtration*, Academic Press, New York, 1973.

[DUN 87] DUNN P., RENKEN K., "Impaction of solid aerosol particles on fine wires", *Aerosol Science and Technology*, vol. 7, no. 1, pp. 97 – 107, 1987.

[EMI 87] EMI H., KANAOKA C., OTANI Y. *et al.*, "Collection mechanisms of electret filter.", *Particulate Science and Technology*, vol. 5, no. 2, pp. 161 – 171, 1987.

[FRI 67] FRIEDLANDER S., Chapter "Aerosol filtration by fibrous filters", in BLAKEBROUGH N., *Biochemical and Biological Engineering Science*, Academic Press, vol. 1, 1967.

[FUC 63] FUCHS N. A., STECHKINA I. B., "A note on the theory of fibrous aerosol filters", *Annals of*

Occupational Hygiene, vol. 6, no. 1, pp. 27 – 30, 1963.

[GOU 94] GOUGEON R., Filtration des aérosols liquides par des filtres à fibres en régime d'interception et d'inertie, PhD Thesis, University of Paris XII, 1994.

[HAP 59] HAPPEL J., "Viscous flow relative to arrays of cylinders", *AIChE Journal*, vol. 5, no. 2, pp. 174 – 177, 1959.

[HEI 05] HEIM M. B, MULLINS B., WILD M. *et al.*, "Filtration efficiency of aerosol particles below 20 nanometers", *Aerosol Science and Technology*, vol. 39, no. 8, pp. 782 – 789, 2005.

[HIN 87a] HINDS W., BELLIN P., "Performance of dust respirators with facial seal leaks: II. Predictive model", *American Industrial Hygiene Association Journal*, vol. 48, no. 10, pp. 842 – 847, 1987.

[HIN 87b] HINDS W., KRASKE G., "Performance of dust respirators with facial seal leaks: I. Experimental", *American Industrial Hygiene Association Journal*, vol. 48, no. 10, pp. 836 – 841, 1987.

[HIN 99] HINDS W. C., *Aerosol Technology*, 2nd ed., John Wiley & Sons, New York, 1999.

[ICH 96] ICHITSUBO H., HASHIMOTO T., ALONSO M. *et al.*, "Penetration of ultrafine particles and ion clusters through wire screens", *Aerosol Science and Technology*, vol. 24, no. 3, pp. 119 – 127, 1996.

[ILI 89] ILIAS S., DOUGLAS P. L., "Inertial impaction of aerosol particles on cylinders at intermediate and high reynolds numbers", *Chemical Engineering Science*, vol. 44, no. 1, pp. 81 – 99, 1989.

[ISR 83] ISRAEL R., ROSNER D., "Use of a generalized Stokes number to determine the aerodynamic capture efficiency of non – stokesian particles from a compressible gas flow", *Aerosol Science and Technology*, vol. 2, no. C, pp. 45 – 51, 1983.

[JOD 86] JODEIT H., LOEFFLER F., "Calculation of collection efficiency of industrial fibre filters", *IVth World Filtration Congress*, vol. 1, pp. 2. 1 – 2. 10, 1986.

[KAS 78] KASPER G., PREINING O., MATTESON M., "Penetration of a multistage diffusion battery at various temperatures", *Journal of Aerosol Science*, vol. 9, no. 4, pp. 331 – 338, 1978.

[KAS 09] KASPER G., SCHOLLMEIER S., MEYER J. *et al.*, "The collection efficiency of a particle-loaded single filter fiber", *Journal of Aerosol Science*, vol. 40, no. 12, pp. 993 – 1009, 2009.

[KIR 68] KIRSCH A., FUCHS N., "Studies on fibrous aerosol filters – III diffusional deposition of aerosols in fibrous filters", *Annals of Occupational Hygiene*, vol. 11, no. 4, pp. 299 – 304, 1968.

[KIR 75] KIRSCH A., STECHKINA I., FUCHS N., "Efficiency of aerosol filters made of ultrafine polydisperse fibres", *Journal of Aerosol Science*, vol. 6, no. 2, pp. 119 – 124, 1975.

[KIR 78] KIRSCH A., ZHULANOV U., "Measurement of aerosol penetration through high efficiency filters", *Journal of Aerosol Science*, vol. 9, no. 4, pp. 291 – 298, 1978.

[KRA 55] KRAEMER H. F., JOHNSTONE H. F., "Collection of aerosol particles in presence of electrostatic fields", *Industrial & Engineering Chemistry*, vol. 47, no. 12, pp. 2426 – 2434, 1955.

[KUL 11] KULKANI P., BARON PAUL A., WILLEKE K., *Aerosol Measurement: Principles, Techniques, and Applications*, John Wiley & Sons, 2011.

[KUW 59] KUWABARA S., "The forces experienced by randomly distributed parallel circular cylinders or spheres in a viscous flow at small Reynolds numbers", *Journal of the Physical Society of Japan*, vol. 14, no. 4, pp. 527 – 532, 1959.

[LAM 32] LAMB H., *Hydrodynamics*, Cambridge University Press, 1932.

[LAM 75] LAMB G. E., COSTANZA P., MILLER B., "Influences of fiber geometry on the performance of nonwoven air filters", *Textile Research Journal*, vol. 45, no. 6, pp. 452 – 463, 1975.

[LAN 48] LANGMUIR I., "The production of rain by a chain reaction in cumulus clouds at temeratures above freezing", *Journal of Meteorology*, vol. 5, pp. 175 – 192, 1948.

[LAN 49] LANDHAL H., HERMANN K., "Sampling of liquid aerosols by wires, cylinders, and slides and the efficiency of impaction of droplets", *Journal of Colloid Science*, vol. 4, Page103, 1949.

[LEE 80] LEE K., LIU B., "On the minimum efficiency and the most penetrating particle size for fibrous filters", *Journal of the Air Pollution Control Association*, vol. 30, no. 4, pp. 377 – 381, 1980.

[LEE 82a] LEE K., LIU B., "Experimental study of aerosol filtration by fibrous filters", *Aerosol Science and Technology*, vol. 1, no. C, pp. 35 – 46, 1982.

[LEE 82b] LEE K., LIU B., "Theoretical study of aerosol filtration by fibrous filters", *Aerosol Science and Technology*, vol. 1, no. C, pp. 147 – 161, 1982.

[LEE 02] LEE M., OTANI Y., NAMIKI N. *et al.*, "Prediction of collection efficiency of high-performance electret filters", *Journal of Chemical Engineering of Japan*, vol. 35, no. 1, pp. 57 – 62, 2002.

[LIU 90] LIU B., RUBOW K., "Efficiency, pressure drop and figure of merit of high efficiency fibrous and membrane filter media", *5th World Filtration Congress*, vol. 3, pp. 112 – 119, 1990.

[LIU 93] LIU B., LEE J. – K., MULLINS H. *et al.*, "Respirator leak detection by ultrafine aerosols: a predictive model and experimental study", *Aerosol Science and Technology*, vol. 19, no. 1, pp. 15 – 26, 1993.

[LUN 65] LUNDGREN D., WHITBY K., "Effect of particle electrostatic charge on filtration by fibrous filters", *IandEC Process Design and Development*, vol. 4, no. 4, pp. 345 – 349, 1965.

[MAT 87] MATTESON M. J., ORR C., (eds.), *Filtration: Principles and Practices*, 2nd ed., Marcel Dekker Inc., New York, 1987.

[MIE 89] MIECRET G., GUSTAVSSON J., "Mathematic expression of HEPA and ULPA filters efficiency experimental verification – practical alliance to new efficiency test methods", *Comtaminexpert*, Versailles, France, 1989.

[MOU 08] MOURET G., Etude de la filtration des aérosols nanométriques, PhD Thesis, Institut National Polytechnique de Lorraine, Nancy, 2008.

[MOU 09] MOURET G., THOMAS D., CHAZELET S. *et al.*, "Penetration of nanoparticles through fibrous filters perforated with defined pinholes", *Journal of Aerosol Science*, vol. 40, no. 9, pp. 762 – 775, 2009.

[MOU 11] MOURET G., CHAZELET S., THOMAS D. *et al.*, "Discussion about the thermal rebound of nanoparticles", *Separation and Purification Technology*, vol. 78, no. 2, pp. 125 – 131, 2011.

[OTA 95] OTANI Y., EMI H., CHO S. *et al.*, "Generation of nanometer size particles and their removal from air", *Advanced Powder Technology*, vol. 6, no. 4, pp. 271 – 281, 1995.

[PAY 91] PAYET S., Filtration stationnaire et dynamique des aérosols liquides submicroniques, PhD Thesis, University of Paris XII, 1991.

[PAY 92] PAYET S. B., BOULAUD D., MADELAINE G. *et al.*, "Penetration and pressure drop of a HEPA filter during loading with submicron liquid particles", *Journal of Aerosol Science*, vol. 23, no. 7, pp. 723 – 735, 1992.

[PIC 66] PICH J., *Aerosol Science*, Academic Press, New York, 1966.

[PIC 87] PICH J., "Gas filtration theory", in *Filtration: Principles and Practice*, Marcel Dekker Inc., New York, 1987.

[PTA 90] PTAK T. ,JAROSZCZYK T. ,"Theoretical-experimental aerosol filtration model for fibrous filters at intermediate Reynolds numbers" ,*5th World Filtration Congress*,vol. 2,pp. 566 –572,1990.

[RAO 88] RAO N. ,FAGHRI M. ,"Computer modeling of aerosol filtration by fibrous filters" ,*Aerosol Science and Technology*,vol. 8,no. 2,pp. 133 –156,1988.

[SCH 94] SCHWEERS E. ,UMHAUER H. ,LÖFFLER F. ,"Experimental investigation of particle collection on single fibres of different configurations" ,*Particle & Particle Systems Characterization*,vol. 11,no. 4,pp. 275 – 283,1994.

[SHI 08] SHIN W. , MULHOLLAND G. , KIM S. *et al.* , "Experimental study of filtration efficiency of nanoparticles below 20 nm at elevated temperatures" ,*Journal of Aerosol Science*,vol. 39,no. 6,pp. 488 –499,2008.

[SKA 96] SKAPTSOV A. , BAKLANOV A. , DUBTSOV S. *et al.* , "An experimental study of the thermal rebound effect of nanometer aerosol particles" , *Journal of Aerosol Science*, vol. 27, no. suppl. 1, pp. S145 – S146,1996.

[SPU 98] SPURNY K. (ed.),*Advances in Aerosol Gas Filtration*,Lewis Publishers,1998.

[STE 66] STECHKINA I. , FUCHS N. , "Studies on fibrous aerosol filters-I. Calculation of diffusional deposition of aerosols in fibrous filters" ,*Annals of Occupational Hygiene*,vol. 9,no. 2,pp. 59 –64,1966.

[STE 69a] STECHKINA I. B. , KIRSH A. , FUCHS N. A. , "Investigations of fibrous aerosol filters. Experimental determination of efficiency of fibrous filters in region of maximum particle breakthrough" , *Colloid Journal – USSR*,vol. 31,no. 1,p. 97,1969.

[STE 69b] STECHKINA I. ,KIRSCH A. ,FUCHS N. ,"Studies on fibrous aerosol filters-IV Calculation of aerosol deposition in model filters in the range of maximum penetration" ,*Annals of Occupational Hygiene*,vol. 12, no. 1,pp. 1 –8,1969.

[STE 74] STENHOUSE J. , "Influence of electrostatic forces in fibrous filtration" , *Filtration and Separation*,vol. 11,no. 1,pp. 25 –26,1974.

[STE 75] STENHOUSE J. ,"Filtration of air by fibrous filters" ,*Filtration and Separation*,vol. 12,no. 3, pp. pp. 268 –274,1975.

[SUN 74] SUNEJA S. , LEE C. , "Aerosol filtration by fibrous filters at intermediate Reynolds numbers (≤100)" ,*Atmospheric Environment*(1967),vol. 8,no. 11,pp. 1081 –1094,1974.

[VAU 94] VAUGHAN N. ,TIERNEY A. ,BROWN R. ,"Penetration of 1.5 –9.0μm diameter monodisperse particles through leaks into respirators" ,*Annals of Occupational Hygiene*,vol. 38,no. 6,pp. 879 –893,1994.

[VIN 07] VINCENT J. H. , *Aerosol Sampling: Science, Standards, Instrumentation and Applications*, John Wiley & Sons,Chischester,2007.

[WAN 91] WANG H. – C. , KASPER G. , "Filtration efficiency of nanometer – size aerosol particles" , *Journal of Aerosol Science*,vol. 22,no. 1,pp. 31 –41,1991.

[WAN 96] WANG H. – C. , "Comparison of thermal rebound theory with penetration measurements of nanometer particles through wire screens" ,*Aerosol Science and Technology*,vol. 24,no. 3,pp. 129 –134,1996.

[WAN 07] WANG J. ,CHEN D. ,PUI D. ,"Modeling of filtration efficiency of nanoparticles in standard filter media" ,*Journal of Nanoparticle Research*,vol. 9,no. 1,pp. 109 –115,2007.

[WEB 93] WEBER A. ,WILLEKE K. ,MARCHLONI R. *et al.* ,"Aerosol penetration and leakae characteristics of masks used in the health care industry" ,*AJIC:American Journal of Infection Control*,vol. 21,no. 4,pp. 167 – 173,1993.

[WEI 06] WEI J., CHUN - SHUN C., CHEONG - KI C. *et al.*, "The aerosol penetration through an electret fibrous filter", *Chinese Physics*, vol. 15, no. 8, p. 1864, 2006.

[YEH 74] YEH H. - C., LIU B., "Aerosol filtration by fibrous filters-I. Theoretical", *Journal of Aerosol Science*, vol. 5, no. 2, pp. 191 - 204, 1974.

[YOS 68] YOSHIOKA N., EMI H., HATTORI M. *et al.*, "Effect of electrostatic force on the filtration efficiency of aerosol", *Chemical Engineering*, vol. 32, no. 8, pp. 815 - 820, 1968.

第 5 章
固体气溶胶的过滤

5.1 概　述

在过滤过程中，过滤器捕集的颗粒会导致过滤器的压降增加。对于固体气溶胶的过滤，根据过滤时间或被收集颗粒质量的累积，压降的演变一般可分为 3 个阶段。每个阶段的持续时间取决于过滤介质、气溶胶和工作条件（图 5.1）。每一阶段都由较为清晰的过渡区隔开。

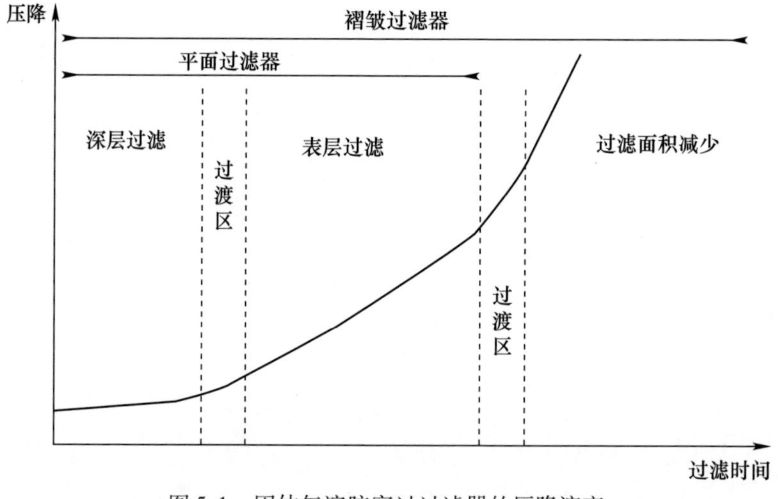

图 5.1　固体气溶胶穿过过滤器的压降演变

因此，对于平面过滤介质，我们可以将压降变化区分如下。

（1）深层过滤：压降变化缓慢，这一阶段固体颗粒主要在介质内部被捕集，并且被捕集的颗粒质量较小。

（2）过渡区：固体颗粒开始在过滤器表面沉积，这导致了压降的指数变化，还有部分颗粒会沉积在介质内部。

(3) 表层过滤:压降线性变化,与过滤器表面滤饼的厚度的增加有关,在这个阶段,颗粒主要被滤饼收集。

对于一个褶皱过滤器,除了这些阶段,还有以下阶段:

(1) 过渡区:压降的变化开始偏离线性变化;

(2) 过滤面积减少:压降迅速增加,与过滤器褶皱的部分或全部堵塞有关。

对于平面过滤器过滤,这一过程已由几个作者[JAP 94, WAL 96]进行过描述,后被Pénicot[PEN 98]使用扫描电子显微镜(SEM)观察过滤过程中的过滤器(图 5.2 和图 5.3)所证实。

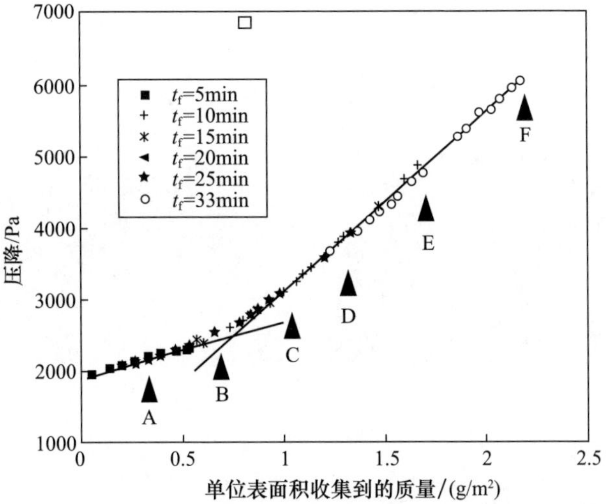

图 5.2　过滤器的压降关于过滤不同阶段捕集到颗粒质量的演变

根据过滤介质的功能差异,上述不同阶段可以完全出现或部分出现。因此,对用于呼吸保护的过滤器来说,表层过滤阶段只在特殊情况下才会出现,这与一般通风用的过滤器或袋式除尘的过滤器明显不同。最后一个阶段与表面积的减少有关,在正常的工作条件下很少能观察到,只有在恶化模式运行中经常看到(例如,由于燃烧气溶胶造成的堵塞,过滤器的维护不好,等等),或者在需要特别高的滞留率的特定应用中会观察到。

在纤维介质中或在其表面上捕集到的颗粒如同组成许多新的收集器,从而使新的颗粒在靠近时更容易被俘获。所以,过滤器的过滤效率随着压降的增加或颗粒收集量的增加而增大。可想而知,研究高效过滤器在堵塞过程中的效率变化并不是很有价值,因为它们本身的初始过滤性能就相当高。然而,对于中效过滤器而言,本研究可能会有很大的工业应用价值。

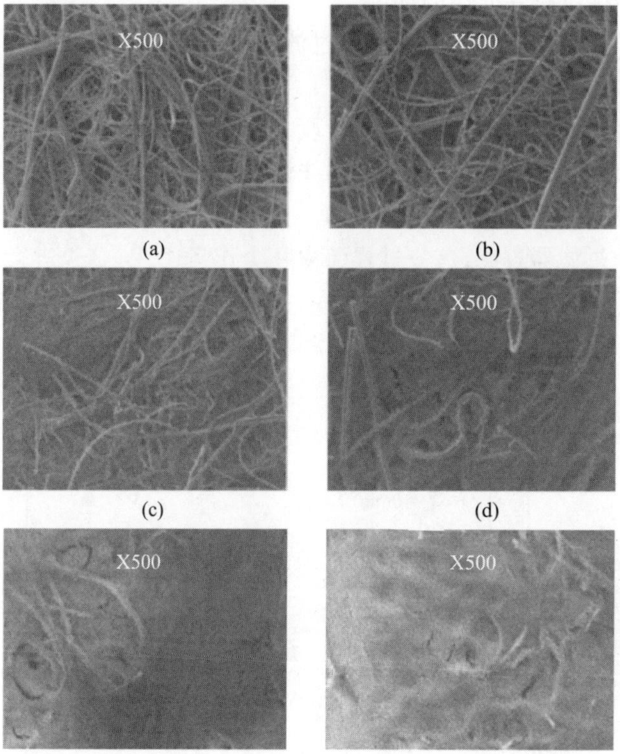

(a) (b) (c) (d) (e) (f)

图 5.3　过滤过程中不同位置的过滤器表面的扫描电镜图

(a)过滤 5min; (b)过滤 10min; (c)过滤 15min; (d)过滤 20min; (e)过滤 25min; (f)过滤 33min。
铀颗粒直径为 0.18μm,过滤速度为 18cm/s。

5.2 深层过滤

5.2.1 压降

5.2.1.1 Juda 和 Chrosciel 的模型

Juda 和 Chrosciel[JUD 70]利用 Fuchs 和 Stechkina[FUC 63]建立的关系式来估计过滤器的初始压降:

$$\Delta P = 4\mu U_{\mathrm{f}} Z \frac{\alpha_{\mathrm{f}}}{r_{\mathrm{f}}^{2}\left(-\frac{1}{2}\ln\alpha_{\mathrm{f}} - C_{1}\right)} \tag{5.1}$$

式中:C_1 为一个常数(根据 Fuchs 和 Stechkina[FUC 63],其值为 3/4)。

假设颗粒在纤维的周缘上不是均匀分布的，如图 5.4 所示。

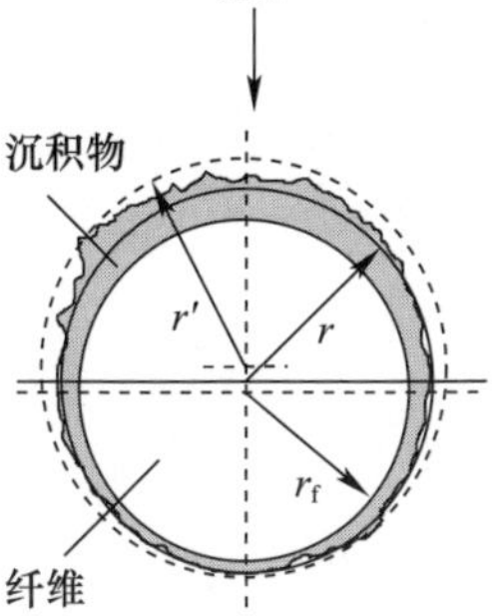

图 5.4　基于 Juda 和 Chrosciel 的模型纤维上沉积物的表示

沉积层可以用两种尺度来描述：

(1) r'，被沉积物包围的纤维的水动力半径，如图 5.4 所示；

(2) r，几何半径。

Juda 和 Chrosciel 提到 $r' = C_2 r$，式中 C_2 为常数，最后提出压降表达式为

$$\Delta P = \Delta P_0 \frac{\ln\alpha_f + 2C_1}{C_2^2[\ln(\alpha_f + \alpha_p) + 2C_1]} \tag{5.2}$$

5.2.1.2　Davies 模型的扩展

通过假设过滤介质内俘获的颗粒会导致的纤维直径和过滤器填充密度的上升，Davies[DAV 73]将初始过滤器的表达式进行一般化处理。因此，过滤器的新填充密度等于初始过滤器的填充密度（α_f）与过滤过程中收集到颗粒的填充密度（α_p）的和。俘获颗粒后的纤维的新平均直径$\left(1 + \frac{\alpha_p}{\alpha_f}\right)^{1/2} d_f$。因此，压降的最终表达式为

$$\Delta P = \frac{64\mu U_f Z\,(\alpha_f + \alpha_p)^{3/2}}{\left(1 + \frac{\alpha_p}{\alpha_f}\right) d_f^2} \tag{5.3}$$

该模型假设颗粒均匀分布在过滤器的厚度方向上，没有考虑收集到的颗粒的尺寸的影响。

5.2.1.3　Bergman 模型

Bergman[BER 78]等认为堵塞的过滤器由两种类型的过滤介质组成：过滤器的原始纤维和俘获颗粒形成的树状突触。

他们建立模型的方法是在过滤器初始压降 ΔP_0 的基础上再附加一个假设的仅由突触 ΔP_p 形成的压降：

$$\Delta P=\Delta P_0+\Delta P_{\mathrm{p}} \tag{5.4}$$

在这种方法中，假设两个压降是相互独立的。但在实际应用中，不能忽视突触和纤维对流场的干扰。为了考虑到这种干扰，Bergman 分别通过$(L_{\mathrm{f}}+L_{\mathrm{p}})/L_{\mathrm{f}}$和$(L_{\mathrm{f}}+L_{\mathrm{p}})/L_{\mathrm{p}}$因子来增加纤维和突触的填充密度（$L_{\mathrm{f}}$为单位表面积内纤维的总长度，$L_{\mathrm{p}}$为单位表面积内树状突触的总长度）：

$$L_{\mathrm{f}}=\frac{4\alpha_{\mathrm{f}}Z}{\pi d_{\mathrm{f}}^2} \tag{5.5}$$

$$L_{\mathrm{p}}=\frac{4\alpha_{\mathrm{p}}Z}{\pi d_{\mathrm{p}}^2} \tag{5.6}$$

这里，原始过滤器的压降或树突的压降用 Davies 的表达式估计，在表达式中，$(1+56\alpha^3)$项已经被忽略，填充密度被表示为单位表面积上纤维总长度或突触总长度的函数。

$$\Delta P=16\pi\mu U_{\mathrm{f}}L\alpha^{1/2} \tag{5.7}$$

因此，穿过一个堵塞过滤器的压降可以表示为

$$\Delta P=16\pi\mu U_{\mathrm{f}}\left[L_{\mathrm{f}}\left(\alpha_{\mathrm{f}}\frac{L_{\mathrm{f}}+L_{\mathrm{p}}}{L_{\mathrm{f}}}\right)^{1/2}+L_{\mathrm{P}}\left(\alpha_{\mathrm{p}}\frac{L_{\mathrm{f}}+L_{\mathrm{p}}}{L_{\mathrm{p}}}\right)^{1/2}\right] \tag{5.8}$$

使用式(5.5)和式(5.6)替换L_{f}和L_{p}，有

$$\Delta P=64\mu U_{\mathrm{f}}Z\left(\frac{\alpha_{\mathrm{f}}}{d_{\mathrm{f}}^2}+\frac{\alpha_{\mathrm{p}}}{\alpha_{\mathrm{p}}^2}\right)^{1/2}\left(\frac{\alpha_{\mathrm{f}}}{d_{\mathrm{f}}}+\frac{\alpha_{\mathrm{p}}}{d_{\mathrm{p}}}\right) \tag{5.9}$$

该模型也假设了在过滤器的厚度方向上颗粒是均匀分布的，但与之前的模型不同，它考虑了俘获颗粒的平均尺寸。

5.2.1.4 Letourneau 模型

Letourneau[LET 90]等考虑到 Bergman 模型和实验结果之间的差异，对该模型进行了修改。作者特别反对过滤器中的颗粒均匀分布的假设，因此考虑了颗粒的穿透率分布。在此模型中，过滤器被划分为一系列串联的薄层，每一层的厚度为 dZ，对于一个给定的过滤时间，每一层中颗粒的填充密度$\alpha_{\mathrm{p}}(z)$被认为是常数。因此，综上所述，作者在整个过滤器的厚度方向上对 Bergman 模型的表达式进行积分，得到

$$\Delta P=64\mu U_{\mathrm{f}}\int_0^z\left[\frac{\alpha_{\mathrm{f}}}{d_{\mathrm{f}}^2}+\frac{\alpha_{\mathrm{p}}(z)}{d_{\mathrm{p}}^2}\right]^{1/2}\left[\frac{\alpha_{\mathrm{f}}}{d_{\mathrm{f}}}+\frac{\alpha_{\mathrm{p}}(z)}{d_{\mathrm{p}}}\right]\mathrm{d}Z \tag{5.10}$$

由于气溶胶在过滤介质中的分布以指数形式降低（式(4.16)），因此很容易将$\alpha_{\mathrm{p}}(z)$表示为颗粒的面密度(m/Ω)的函数：

$$\alpha_p(z)=\frac{m}{\Omega\rho_p}\frac{k\mathrm{e}^{-kz}}{(1-\mathrm{e}^{-kz})} \tag{5.11}$$

式中:k 为介质穿透因子。

结合式(5.10)和式(5.11),Z 积分后的压降为

$$\Delta P=\frac{64\mu U_f\alpha_f^{1/2}}{kd_f}\left\{\frac{2\alpha_f d_p}{3d_f^2}\left[(1+\beta)^{3/2}-(1+\beta\mathrm{e}^{-kZ})^{3/2}\right]+\right.$$

$$2\frac{\alpha_f}{d_f}\left[(1+\beta)^{1/2}-(1+\beta\mathrm{e}^{-kZ})^{1/2}\right]+$$

$$\left.\frac{\alpha_f}{d_f}\ln\frac{\left[(1+\beta)^{1/2}-1\right]\left[(1+\beta\mathrm{e}^{-kZ})^{3/2}+1\right]}{\left[(1+\beta)^{1/2}+1\right]\left[(1+\beta\mathrm{e}^{-kZ})^{3/2}-1\right]}\right\} \tag{5.12}$$

$$\beta=\frac{k}{\rho_p\alpha_f(1-\mathrm{e}^{-kZ})}\left(\frac{d_f}{d_p}\right)^2\frac{m}{\Omega} \tag{5.13}$$

用亚微米级的铀颗粒(质量中位直径为 0.15μm,$\sigma_g=1.6$)测试表明,当过滤器处于深度堵塞时,该模型很好地预测了高效过滤器压降变化规律。然而,由于该模型严重依赖于需实验确定的穿透因子,因此很难应用到实际中。此外,作者没有考虑堵塞过程中穿透因子的变化,也没有考虑在过滤器厚度方向上俘获颗粒的平均直径的变化。他们认为颗粒的平均直径是恒定的,并等于初始产生气溶胶的颗粒的平均直径,这只有在单分散气溶胶的情况下是合理的。Letourneau[LET 92]等学者为了解决需要实验测定的穿透因子带来的应用问题,对此模型进行改进。在改进模型中根据效率模型估算了穿透因子的值(见第 4 章),对于每一阶段收集到颗粒的面密度,都重新计算压降(式(5.12))和相应过滤器的新填充密度,并利用式(5.3)推导出新的纤维直径。这种方法允许他们重新计算每一阶段面密度对应的穿透因子的新值,直到他们得到最终的期望值。

5.2.1.5 Kanaoka 和 Hiragi 模型

Kanaoka 和 Hiragi[KAN 90]开展研究的前提是颗粒不会在纤维上均匀沉积(图 5.5),这种沉积改变了纤维的阻力系数。

他们提出了式(5.14)所示的关系式,用于估计堵塞过程中的压降:

$$\Delta P=\Delta P_0\int_0^Z\frac{C_{Tm}(Z,t)}{C_T}\frac{D_{fm}(Z,t)}{d_f}\frac{\mathrm{d}Z}{Z} \tag{5.14}$$

式中:C_T 和 $C_{Tm}(Z,t)$ 分别为初始过滤器的阻力系数和负载着颗粒的纤维阻力系数;$D_{fm}(Z,t)$ 为负载着颗粒的纤维直径。

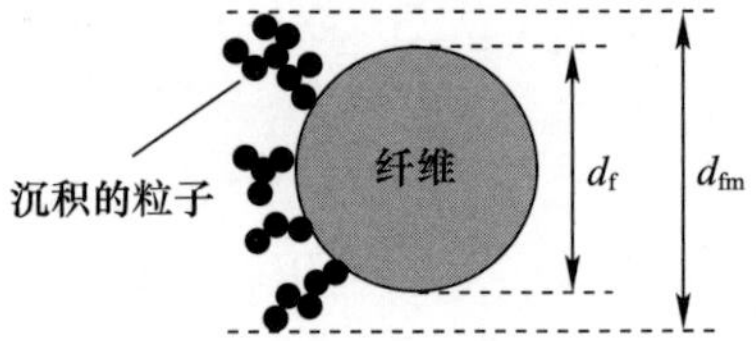

图 5.5　在纤维上颗粒沉积物的图示（根据 Kanaoka 和 Hiragi[KAN 90]）

Kanaoka 建立了式（5.16）和式（5.17），将$\frac{D_{fm}(Z,t)}{d_f}$与俘获颗粒的无量纲体积 V_c 相关联，定义为

$$V_c = \frac{4m_{LF}}{\pi\rho_p d_f^2} \tag{5.15}$$

式中：m_{LF}为单位长度的纤维俘获颗粒的质量。

当俘获颗粒的无量纲体积小于 0.05 时，有

$$\frac{D_{fm}(Z,t)}{d_f} \propto 1 + aV_c \tag{5.16}$$

当俘获颗粒的无量纲体积大于 0.05 时，有

$$\frac{D_{fm}(Z,t)}{d_f} \propto \sqrt{bV_c + c} \tag{5.17}$$

式中：a、b、c 为实验常数。

基于俘获颗粒的无量纲体积，阻力系数之比$\frac{C_{Tm}(Z,t)}{C_T}$，也表现出类似于纤维直径之比的变化规律。该模型计算得出的压降变化与测试过滤器的实验结果具有很好的一致性，测试过滤器由直径为 24μm 或 30μm 的金属纤维网构成并垂直于气流方向放置，测试使用亚甲基蓝气溶胶（平均直径为 0.8～0.84μm）或罗丹明 B 气溶胶（平均直径为 0.33μm）进行堵塞。相反，模型和真正的纤维介质的实验吻合的不是很好。作者将这种差异归因于介质的三维结构和纤维的非均匀分布。此外，正如 Kanaoka 和 Hiragi[KAN 90]所强调的，只有当纤维直径和阻力系数与俘获颗粒的质量之间的方程已知时，这个模型才能被应用。因此，这限制了该模型的使用范围。

5.2.2 效率

用于确定纤维过滤器过滤效率的经典模型是根据过滤器的结构特性——纤维的平均直径和过滤器的填充密度所建立的。Hinds 和 Kadrichu[HIN 97]和 Kirsch[KIR 98]基于这两个参数随着过滤介质中俘获颗粒数量的增加而增加的特

点，提出了一种过滤效率的演化模型。根据 Hinds 和 Kadrichu[HIN 97]的研究，他们将沉积的颗粒层比作树突状沉积物，得到深度堵塞过滤器的新填充密度 α 和新平均直径 d_f^*，表示如下：

$$\alpha = \alpha_f + \alpha_p \tag{5.18}$$

$$d_f^* = \frac{d_f L_f' + d_p L_p'}{L_f' + L_p'} \tag{5.19}$$

式中：L_f'为单位体积内纤维的总长度；L_p'为单位体积内颗粒形成树突的长度。

L_f'和 L_p'可分别表示为

$$L_f' = \frac{4\alpha_f}{\pi d_f^2} \tag{5.20}$$

$$L_p' = N d_p L_T \tag{5.21}$$

式中：N 为单位体积收集的颗粒数；L_T 为颗粒树突相对于纤维的相对长度。

这个模型仍然过于简单，纤维和树突是无法通过它们各自对效率的贡献进行区分的。而是将过滤介质比作具有不同特性的新介质。这种方法不能让我们对纤维的新直径和新填充密度进行预测，所以也无法帮助我们分析堵塞过程中过滤效率的变化。

5.3 深层过滤与表层过滤之间的过渡区

深层过滤和表层过滤之间的过渡区位于高、低过渡点之间（图 5.6）。大多数作者将这一区域简化为一个点，称为过渡点或堵塞点。它对应于过滤器收集到颗粒的某一面密度值，超过这个值，在过滤器的表面就会出现颗粒沉积。明确这一点的位置，对于估算过滤介质中颗粒的容纳能力有帮助。Japuntich 等[JAP 97]和 Bourrous[BOU 14a]等认为压降开始以线性方式增加的点（点 C，图 5.6）为过渡点。Walsh[WAL 96]提出，过渡点为表层过滤时的切线与通过初始压降值（ΔP_0）并与 x 轴平行的直线的交点所对应的点，即点 A；Thomas 等[THO 01]认为其是深层过滤时压降变化的切线与表层过滤时的切线的交点（点 B，图 5.6）。

在文献中有几个相关理论用于估计这些堵塞点。Japuntich 等人[JAP 97]采用简单地认为纤维介质孔隙中单分散颗粒的聚集会导致孔隙直径（d_{eq}）的减小。基于二维颗粒在相邻纤维的简化堆积模型（图 5.7），作者将过渡点处俘获颗粒的面密度（$(m/\Omega)_{\text{Transition}}$）与介质的填充密度（$\alpha_f$）、颗粒的密度（$\rho_p$）和平均纤维直径（$d_f$）联系在一起：

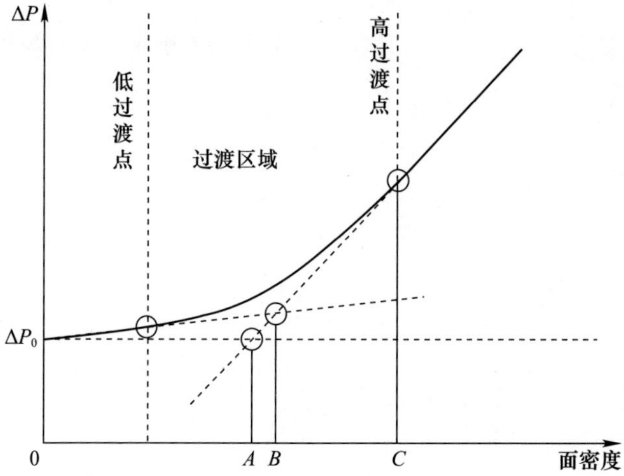

图 5.6　堵塞点或过渡点的不同定义的图示

A—根据 Walsh[WAL 96]；B—根据 Thomas[THO 01]；C—根据 Japuntich[JAP 97]。

$$\left(\frac{m}{\Omega}\right)_{\text{Transition}}=\frac{d_{\mathrm{f}}\rho_{\mathrm{p}}}{1.5}\left[\left(\frac{2\alpha_{\mathrm{f}}}{\pi}\right)^{-1/2}-1\right] \tag{5.22}$$

无量纲形式为

$$\alpha_{\text{Transition}}=\frac{d_{\mathrm{f}}}{1.5Z}\left[\left(\frac{2\alpha_{\mathrm{f}}}{\pi}\right)^{-1/2}-1\right] \tag{5.23}$$

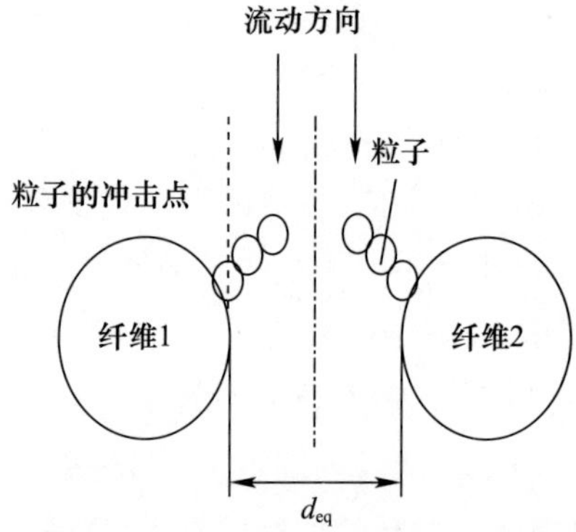

图 5.7　Japuntich 等[JAP 97]的孔径减小模型

过渡点与颗粒尺寸无关，这证实了作者用空气动力学直径在 1 ~ 5μm 范围内的单分散硬脂酸颗粒的实验结果。然而，一些研究[WAL 96, PEN 98]表明，过渡点与颗粒尺寸甚至过滤速度之间存在依赖关系。因此可以观察到，颗粒尺寸越大或过滤速度越快，过渡区趋向于向累计捕集质量高的方向移动。这可以用纤维介质中沉积物结构的不同来解释。因此，Thomas[THO 01]根据 Japuntich 方法中收集的颗粒直径（见 5.4.1 节）和沉积物的填充密度 α_d，提出了以下表达式来估计过渡点：

$$\alpha_{\text{Transition}}=\frac{\alpha_d d'_f}{1.5Z}\left[\left(\frac{2\alpha_f}{\pi}\right)^{-1/2}-1\right] \tag{5.24}$$

式中：α_f 为纤维介质的填充密度；d'_f 为纤维的有效直径。

图 5.8 将采用式（5.24）计算的过渡填充密度（$\alpha_{\text{transition}}$）与不同作者通过压降演变试验确定的填充密度进行对比。

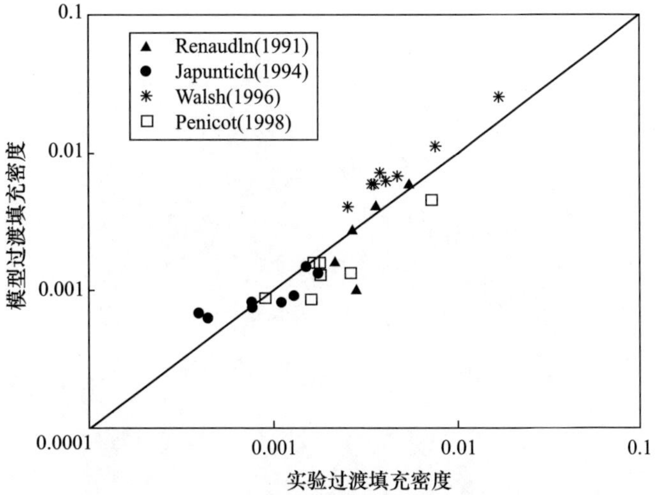

图 5.8　用式（5.24）计算出的过渡填充密度和实验填充密度之间的比较

Bourrous 等[BOU 16]根据实验得到的穿透因子（k），假设穿透因子与过滤时间无关，通过数值模拟或计算（见第 4 章）估计了过渡点（点 C，图 5.6）。沉积颗粒的介质中深度为 x 处的填充密度被定义为

$$\alpha_{\text{total}}(x)=\frac{V_{\text{Fibers}}(x)+V_{\text{Deposit}}(x)}{V_{\text{Filter}}(x)}=\alpha_f+\frac{\alpha_p(x)}{\alpha_d} \tag{5.25}$$

并且根据穿透率分布的耦合方程（式（5.25））和穿透率分布方程（式（5.25）），可以得到过滤器收集到的颗粒的总质量，根据其 $\alpha_{\text{total}}(x=0)=1$，对应于表层过滤的起始状态。

无量纲形式为

$$\alpha_{\text{Transition}}=(1-\alpha_f)\alpha_d\,\rho_p\,\frac{1-e^{-kZ}}{kZ} \tag{5.26}$$

5.4 表层过滤

5.4.1 滤饼结构

沉积物的结构因俘获颗粒尺寸分布的不同而不同。对于亚微米颗粒（$d_p <$ 1μm），沉积物为树突状，如图 5.9 所示，其填充密度低（高孔隙率），比表面积大。相反，对于微观颗粒，沉积物由致密的团聚体组成，比表面积较小，填充密度较大（图 5.10）。

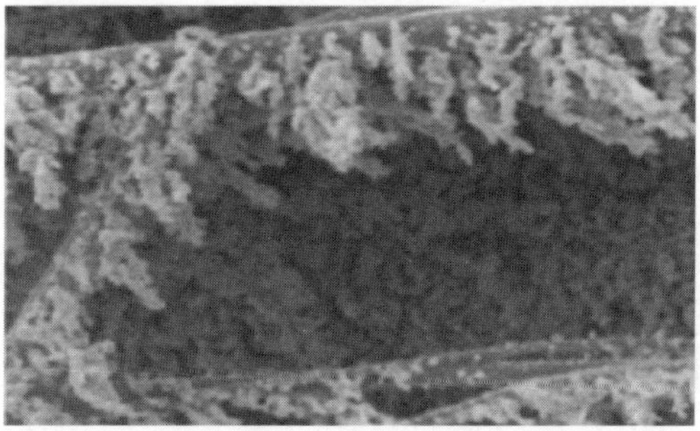

图 5.9　铀颗粒的树突状沉积物的扫描电镜图像

图 5.10　直径为 2.6μm 的氧化铝颗粒沉积物的扫描电镜图像

沉积物的结构高度依赖于收集机制。因此，如果颗粒基本上是通过扩散、拦截或静电机制俘获的，倾向于形成树突。相反，如果颗粒主要是由惯性机制捕获，会以团聚体的形式沉积。当然，我们不能忽略作用在被收集颗粒上的力（如附着力（见附录）、重力、曳力等），这些力也会影响沉积物的结构。Kanaoka 等[KAN 98]基于电子显微镜观察和模拟方法，概括描述了不同过滤条件下纤维上沉积物的结构（图 5.11）。从图中可以看出，在没有拦截的情况下，布朗扩散（低贝克来数（Pe））导致纤维周围颗粒均匀沉积。如果只有惯性机制占主导地位(高斯托克斯数),沉积物更紧凑且面向流动方向。额外拦截机制的存在会产生更多的树突和开叉的结构。

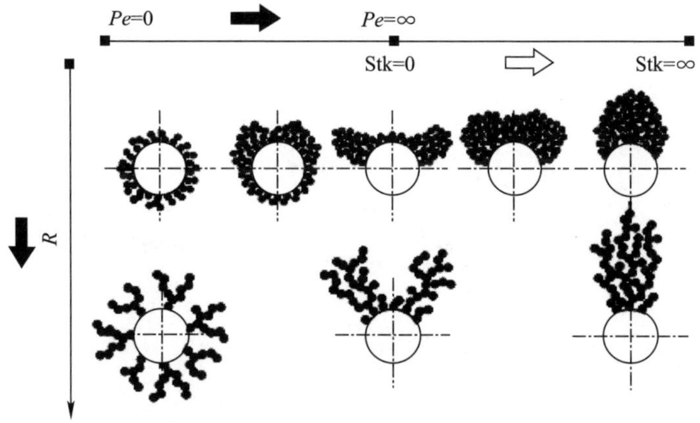

图 5.11　沉积物结构与过滤条件之间的关系图示(过滤条件主要表示为贝克来数(*Pe*)、斯托克斯数(Stk)和拦截参数 *R*(根据 Kanaoka 等[KAN 98])

最近,Kasper 等[KAS 09,KAS 10]在流速为 1 ~ 6 m/s 的情况下,观察单分散聚苯乙烯颗粒($1.3\mu m < d_p < 5.2\mu m$)由于惯性和拦截作用沉积在两种直径分别为 8μm 和 30μm 的金属纤维上的沉积物。他们根据一个参数(β)对沉积物结构进行了修改,这个参数与(Stk'/R)成比例。当该参数的值大于临界值时,沉积物致密且面向流动方向。然而,当 β 值较低时,沉积物表现出明显的树突结构,具有明显的侧向分枝。就像俘获颗粒大小影响压降一样,这些沉积物结构上的差异对压降的演变也有着重要的影响。因此,在表层过滤阶段,俘获颗粒的尺寸越小,在俘获颗粒面密度相同的情况下,压降的斜率越大,如图 5.12(a)和(b)所示。

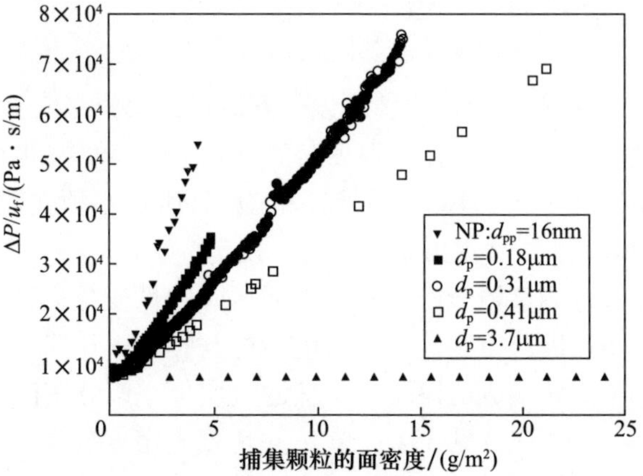

(a)

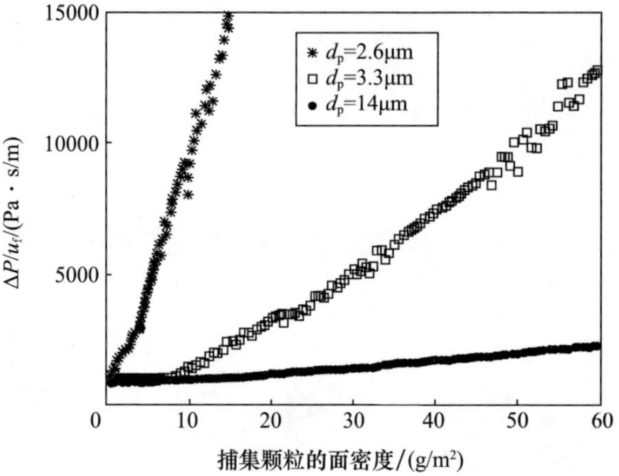

(b)

图 5.12　平均颗粒尺寸对压降的影响

(a)高效过滤器(对应于初始粒径为 16nm 的颗粒);(b)中等效率过滤器。

5.4.2 滤饼的填充密度

填充密度(或孔隙率)仍然是估算压降的一个重要参数,它可以通过直接或间接地测量确定。最直接的方法是测量滤饼的厚度和质量。厚度可以通过使用导电仪、光学显微镜、扫描电子显微镜或干涉测量法[SCH 91,PEN 98,CAL 00,JOU 09]来观察过滤器的一个切片,或在过滤过程中使用激光三角测量法[BOU 14b]来测量。俘获颗粒的质量等于堵塞的过滤器和原始过滤器的质量之差。如果过滤器被严重堵塞,或者颗粒的穿透性不是很好,这个质量可以与在过滤器区域(Ω)内俘获颗粒的质量(m)进行比较。因此,该滤饼的填充密度为

$$\alpha_d = \frac{m}{\Omega \rho_p Z} \tag{5.27}$$

在均质滤饼的情况下,这种方法可以得到滤饼的填充密度值。然而,所得到的值在很大程度上取决于确定滤饼厚度时的不确定度。使用更大的厚度可以使厚度值的不确定性最小化,但会导致滤饼更脆弱,所以必须在操作之前进行固定。Schmidt 和 Loffler[SCH 91]提出了一种固定技术。

间接测量是通过调整填充密度值建立的压降线性变化模型,进而获得填充密度与压降的关系。因此得到的填充密度不能与相关的压降表达式分离,而且在任何情况下都不能转换成滤饼填充密度的真实值。该方法已被 Pénicot[PEN 98]用于 Kozeny - Carman 模型(见 5.4.3 节),并在填充密度为 0.2 ~ 0.7 的范围内进行了验证。将此方法应用于不同的压降演变实验数据,计算得到填充密度与

组成沉积物的颗粒的质量中值直径之间的演化关系(图 5.13)。

数据点集的数学描述如下:

$$\alpha_d = 0.58\left[1 - \exp\left(\frac{-d_p}{0.5310^{-6}}\right)\right] \tag{5.28}$$

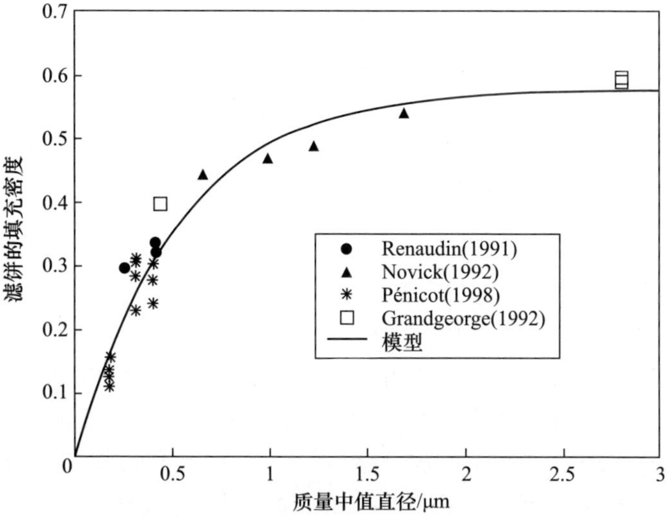

图 5.13　填充密度作为颗粒质量中值直径函数的演变(实线:式(5.28))

Brook 和 Tarleton[BRO 98]对颗粒沉积层的形成的模拟,以及 Jeon 和 Jung[JEO 04]的模拟都证实了这种演化关系。他们发现,颗粒间较低的黏附力导致更紧密的细致结构。Kasper 等[KAS 10]通过观察单分散球形聚苯乙烯颗粒在直径为 8μm 和 30μm 的钢纤维上的沉积,提出了以下关系: 115

$$\alpha_d = 0.64 \times [1 - \exp(-290\rho_p d_p)] \tag{5.29}$$

Yu 等[YU 03]通过文献调研,对中位直径在 2.8 ~ 54μm 之间的氧化铝粉末的实验结果进行汇编分析,提出了计算填充密度的经验关系式:

$$\alpha_d = 0.606 \times [1 - \exp(-257 d_p^{0.468})] \tag{5.30}$$

必须注意的是,这里测量的填充密度是粉末的填充密度,而不是由颗粒过滤形成的滤饼的填充密度。

纳米颗粒:纳米颗粒即团块或纳米颗粒的聚集体,具有一定的内部孔隙率。过滤后,这些纳米颗粒形成沉积物(图 5.14)。它的孔隙率 ε_d 取决于团内孔隙率 ε_{Intra} 和团间孔隙率 ε_{Inter},即

$$\varepsilon_d = \varepsilon_{Inter} + (1 - \varepsilon_{Inter})\varepsilon_{Intra} \tag{5.31}$$

填充密度为

$$\alpha_p = \alpha_{Inter}\alpha_{Intra} \tag{5.32}$$

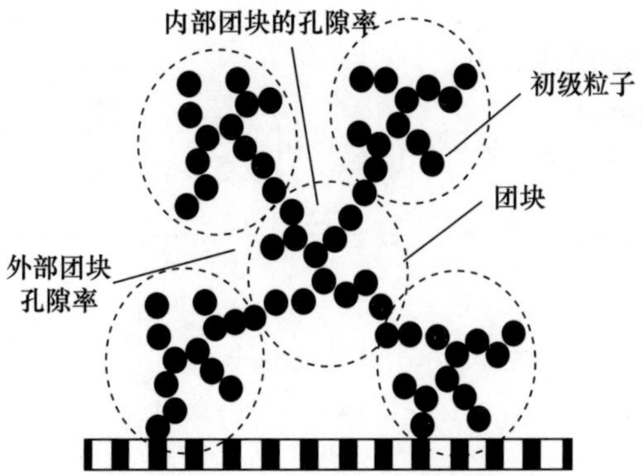

图 5.14　团块沉积物的图示

通过纳米颗粒沉积物的填充密度测量实验,表明纳米颗粒沉积物具有非常高的孔隙率(图 5.15),其孔隙率约为 94%~98%。Madler 等[MAD 06]认为,在贝克来数较低的情况下,扩散起主导作用,聚集体或团块都沉积在已形成的滤饼的表面,导致孔隙率较高。对于较大的贝克来数,由于较高的过滤速度,聚集体或团块倾向于更深入地穿透滤饼。这就产生了孔隙率较低的滤饼。式(5.33)与文献[KIM 09,ELM 11,LIU 13,THO 14]的实验数据吻合较好:

$$\varepsilon_{\mathrm{d}}=\frac{1+0.438Pe}{1.019+0.464Pe} \tag{5.33}$$

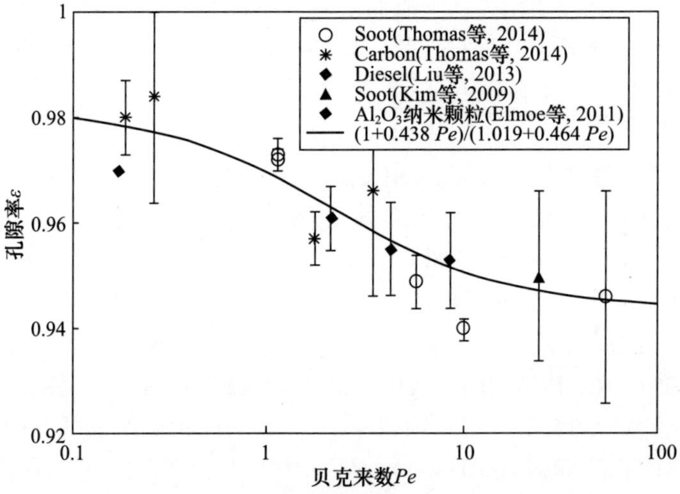

图 5.15　滤饼的孔隙率随着 Pe 的演变

(团块的尺寸为 45~170nm,过滤速度为 1~20cm/s(根据文献[THO 14]))

5.4.3 滤饼内流动压降

在表层过滤过程中,压降的上升是由于颗粒在过滤介质表面的积累造成的。在没有任何滤饼压缩的情况下,压降的演变保持线性,并与滤饼厚度的增加有关。因此,过滤器压降是深度堵塞介质的压降和滤饼压降之和,即

$$\Delta P = \Delta P_{M} + \Delta P_{G} \tag{5.34}$$

必须指出的是,大多数学者把 ΔP_M 比作洁净过滤介质的初始压降 ΔP_0。这是因为在纤维介质中,忽略了俘获颗粒对压降的影响。

下面给出几个可以用来估算滤饼压降的表达式。这些模型要么是基于多孔介质中的流动,要么是基于对俘获颗粒进行阻力计算的结果。Novick 等[NOV 92]利用 Kozeny - Carman 定律推导出的式(5.35),将整个滤饼的压降演变过程表示为俘获颗粒的面密度(m/Ω)的函数,即

$$\Delta P_{G} = \frac{h_{K} a_{p}^{2} \alpha_{d}}{(1-\alpha_{d})^{3} \rho_{p}} \mu U_{f} \frac{m}{\Omega} \tag{5.35}$$

用于计算 Kozeny 常数的关系式有很多,且均为滤饼填充密度的函数。表 5.1 列出了文献中的一些表达。

表 5.1 Kozeny 常数的不同表达式

参考文献	Kozeny 常数	有效范围
Fowler 等[FOW 40]	$h_K = 5.55$	$0.2 < \alpha_d < 0.6$
Kozeny	$h_K = 4.5 - 5$	$0.2 < \alpha_d < 0.6$
Davies[DAV 73]	$h_K = 4\frac{(1-\alpha_d)^3}{\alpha_d^{1/2}}(1+56\alpha_d^3)$	$0.006 < \alpha_d < 0.3$
Chen[CHE 82]	$h_K = 4.7 + e^{14(0.2-\alpha_d)}$	$0.01 < \alpha_d < 0.4$
Caroll(被 Chen[CHE 82]引用)	$h_K = 5 + e^{14(0.2-\alpha_d)}$	$0.04 < \alpha_d < 0.42$
Ingmansson 等[ING 63]	$h_K = 3.5\frac{(1-\alpha_d)^3}{\alpha_d^{1/2}}(1+57\alpha_d^3)$	$0.01 < \alpha_d < 0.6$

Endo 等[END 02]在对沉积物内微粒所受曳力进行计算分析的基础上,提出了一种压降模型,即

$$\Delta P_{G} = 18\chi \frac{\nu(\alpha_{d})}{\mathrm{Cu}\,(1-\alpha_{d})^{2}} \frac{\mu}{\rho_{p}} \frac{U_{f}}{d_{VG}^{2}\exp(4\ln^{2}\sigma_{G})} \frac{m}{\Omega} \tag{5.36}$$

必须注意的是,对于单分散的球形颗粒,且孔隙函数为 $\nu(\alpha_d) = 10\alpha_d/(1-\alpha_d)$ 时,式(5.36)与 Kozeny - Carman 关系相当。Kim 等[KIM 09]和 Liu 等[LIU 13]利用煤烟凝聚体验证了该模型,验证时假设颗粒为球形(动态形状因子 $\chi = 1$),采用初始颗粒的尺寸,并根据不同的应用情况来修改孔隙函数。

在他们的方法中,Thomas 等[THO 14]将纳米结构颗粒的沉积物比作一些由颗粒链组成的缠绕物,颗粒链是部分合并的(聚集体)或未合并的(团块)。压降是根据 Sakano 等[SAK 00]定义的单位长度上的曳力来计算的,采用的是 Davies 为纤维介质建立的经验方程,即

$$\Delta P_{\mathrm{G}} = \frac{64\alpha_{\mathrm{d}}^{0.5}(1+56\alpha_{\mathrm{d}}^{3})}{\mathrm{Cu}\rho_{\mathrm{p}}d_{\mathrm{Vpp}}^{2}}F_{\mathrm{Co}}\mu U_{\mathrm{f}}\frac{m}{\Omega} \tag{5.37}$$

式中:F_{Co}为修正因子,它考虑了在相同的填充密度和相同的初始颗粒或纤维的直径下,颗粒链的总长度与纤维的总长度的差异,可表示为

$$F_{\mathrm{Co}} = \frac{1-\mathrm{Co}}{\dfrac{2}{3}-\mathrm{Co}^{2}\left(1-\dfrac{\mathrm{Co}}{3}\right)} \tag{5.38}$$

这是一个重叠系数的函数,式中 Co 被 Brasil 等[BRA 99]引入:

$$\mathrm{Co} = \frac{d_{\mathrm{pp}}-d}{d_{\mathrm{pp}}} \tag{5.39}$$

式中:d 为接触颗粒的中心距;d_{pp}为初始颗粒的直径(图 5.16)

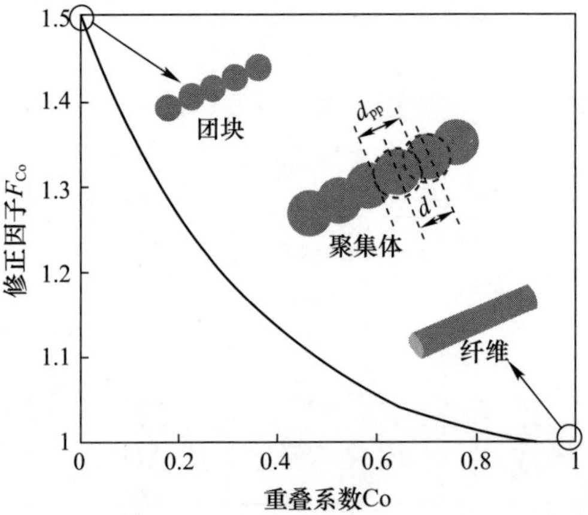

图 5.16　校正因子(F_{Co})随重叠系数(Co)的变化

因此,对于团块而言(即初始颗粒没有融合在一起),$d = d_{\mathrm{pp}}$,这时重叠系数为 0,相应地,修正系数为 1.5。初始颗粒之间的融合程度越大(如聚集体),重叠系数和修正系数越趋近于 1(图 5.16)。

5.5 过滤面积的减小

过滤面积减小阶段的主要特征是压降急剧增加。尽管这一阶段尚未得到广泛的研究,但是如果过滤系统没有得到很好的维护,或者在极端或事故的情况下使用(如空气中有大量灰尘),这个阶段是可以达到的。

对褶皱型高效过滤器的观察发现在高堵塞水平下,褶皱之间存在固体桥梁,甚至褶皱部分被堵塞的现象(图 5.17)。我们应该注意到,对于低刚性过滤介质而言,这种过滤面积的减少也可能造成堵塞过程中褶皱的变形。

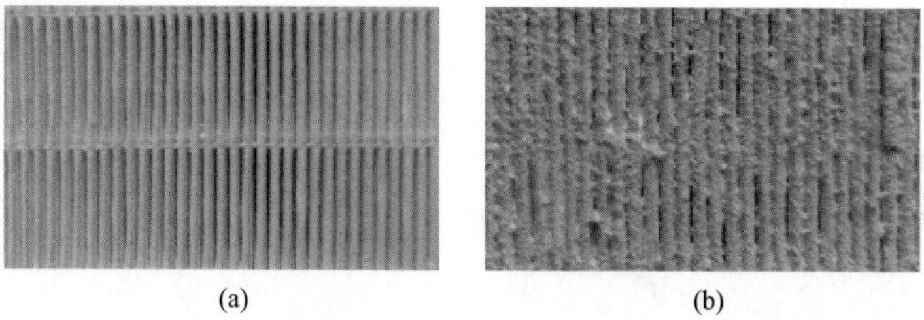

图 5.17　被微颗粒堵塞的褶皱型高效过滤器

(a)初始压降的 2 倍;(b)初始压降的 18 倍。

相关学者已经进行过一些数值模拟研究[SAL 14,FOT 11,HET 12]用于预测压降随褶皱特性的变化。然而,这些数据很少与实验数据进行比较。这些研究都表明固体颗粒在褶皱之间会形成“桥”或“拱”状结构(图 5.18)。

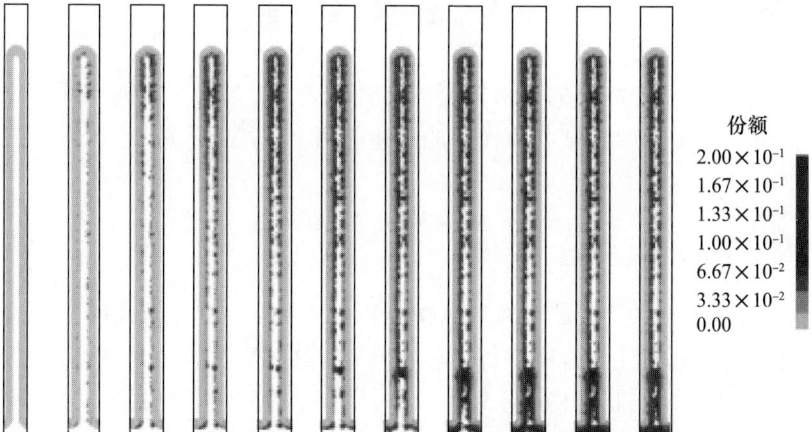

图 5.18　褶皱被微颗粒逐渐堵塞的演变过程[CHE 13]

我们以 Cheng 等[CHE 13]的研究为例，他们将模拟测试（Geodict®）与 Gervais[GER 13]获得的实验结果（图 5.19）进行了比较。需要注意的是，仿真结果与实验结果吻合较好。但是，对于高度堵塞阶段，由于固体颗粒形成搭桥的随机性，模拟得到的压降值变化较大。

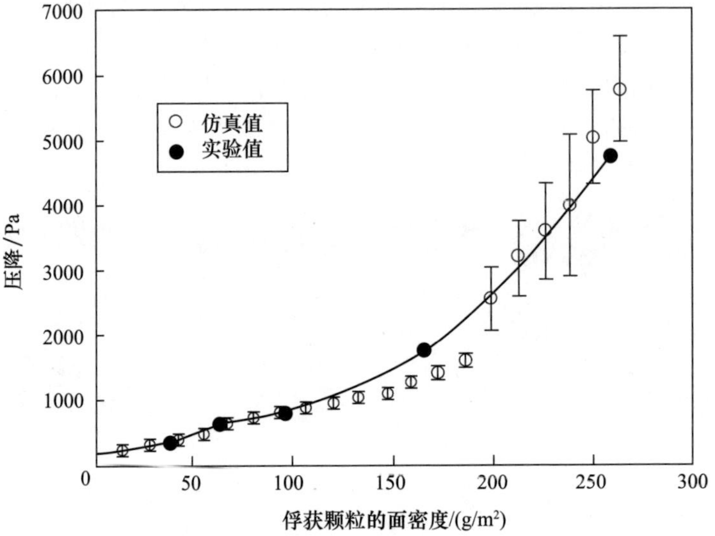

图 5.19　褶皱型高效过滤器被微颗粒堵塞过程中压降的演变
（根据 Cheng 等[CHE 13]，$0.15\mu m < d_p < 6.8\mu m$，褶高为 27.5mm，褶宽为 2.2mm）

5.6 总体模型

目前还没有一个简单的分析模型能同时描述 3 个过滤阶段的压降变化。但是，我们可以在文献中找到两个模型能描述前两个阶段的压降变化：深层过滤和表层过滤。

5.6.1 Thomas 模型

Thomas 模型[THO 01]是针对高效过滤器和亚微米级颗粒而开发的。在这种模型中，过滤器被分成几个片层。每个片层同时存在两种类型的过滤结构：纤维和俘获颗粒形成的树突状结构（图 5.20）。在每一个时间步长里，每一个片层中由先前沉积的颗粒捕集到的颗粒和由纤维捕集到的颗粒质量都被计算出来。利用 Bergman 方程（式（5.9））对压降进行了类似的处理。当第一层的填充密度与过渡层填充密度相同时（式（5.24）），认为所收集的颗粒的一部分沉积在过滤器的表面形成滤饼。并且滤饼也参与捕获颗粒,从而提高了过滤器的效率。滤饼的压降计算采用 Novick 方程,填充密度计算采用式(5.28)。本计算代码只考虑过滤器的特征参数(填充密度、纤维的平均直径、厚度等)、气溶胶的特征参数(平均直径、标准偏差、颗粒密度)和运行条件(过滤速度)。

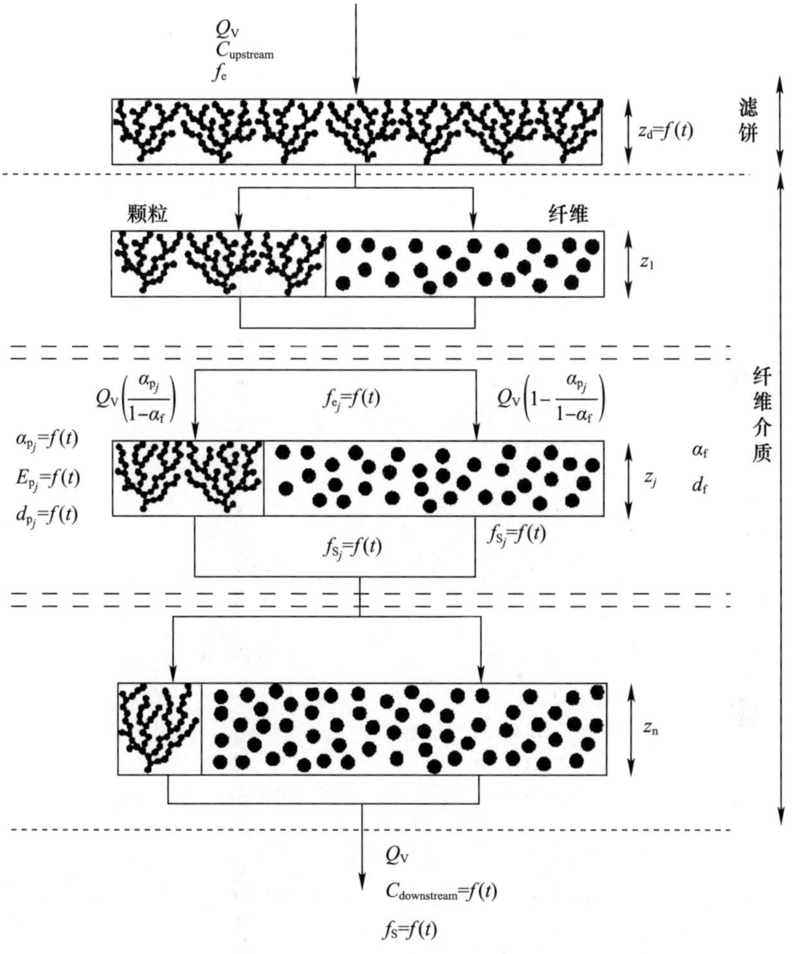

图 5.20　Thomas 等[THO 01]对堵塞过程中纤维过滤介质的建模

如图 5.21 和图 5.22 所示,该模型很好地描述了堵塞过程中压降的变化,特别是在深层过滤、表层过滤和过渡区。在过滤介质中的穿透率分布(图 5.23)也得到了很好的描述。然而,计算代码并没有充分解释堵塞过程中穿透率的演变,这与使用的效率模型无关。对于亚微米级颗粒,作者更倾向于使用 Payet 等[PAY 92]提出的模型,该模型给出了最好的结果,尽管它往往高估了效率。

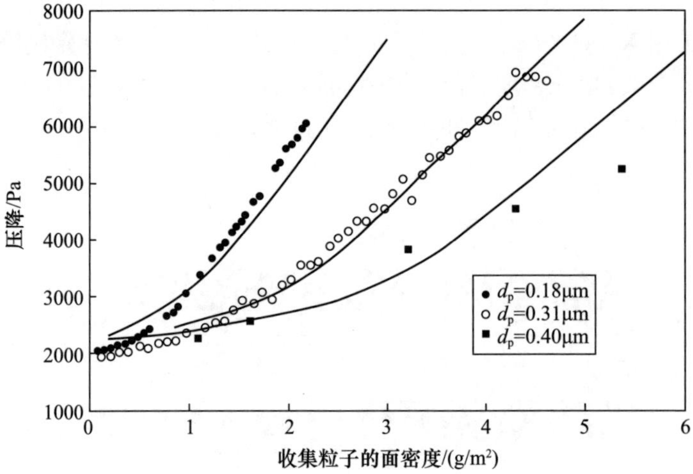

图 5.21　在 3 种不同尺寸的颗粒条件下理论和实验压降的对比(高效过滤器)

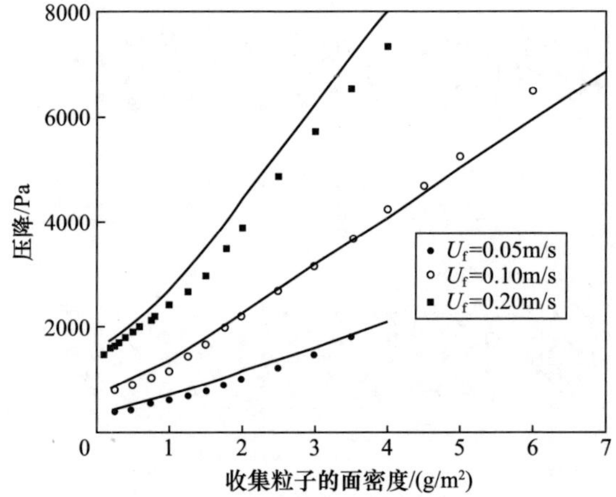

图 5.22　在 3 种不同过滤速度条件下理论和实验压降的对比(高效过滤器, $d_p = 0.18\mu m$)

5.6.2 Bourrous 模型

对于精细颗粒物而言，Bourrous 等[BOU 16]采用了 Elmøe 等[ELM 09]提出的孔隙直径减少的方法。Bourrous 等将纤维介质(图 5.24(a))比作具有相同的压降(ΔP_0)和相同面积的(图 5.24(b))毛细管网。毛细管网的厚度 Z^* 可表示为

$$Z^* = \alpha Z \tag{5.40}$$

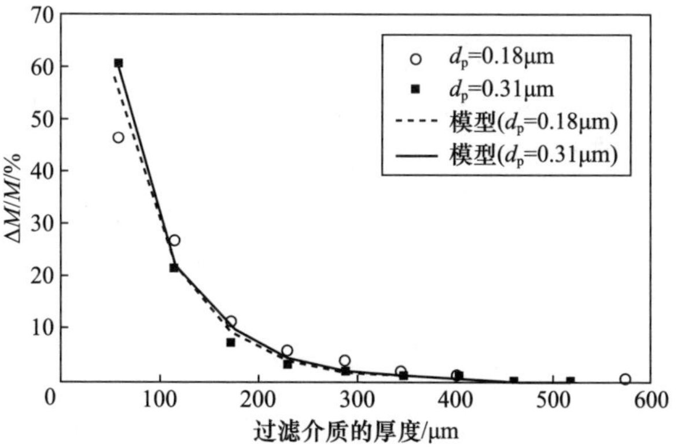

图 5.23　在收集颗粒总面密度为 1.5g/m² 情况下，两种尺寸颗粒的穿透率沿过滤介质厚度方向的分布理论值和实验值对比（高效过滤器）

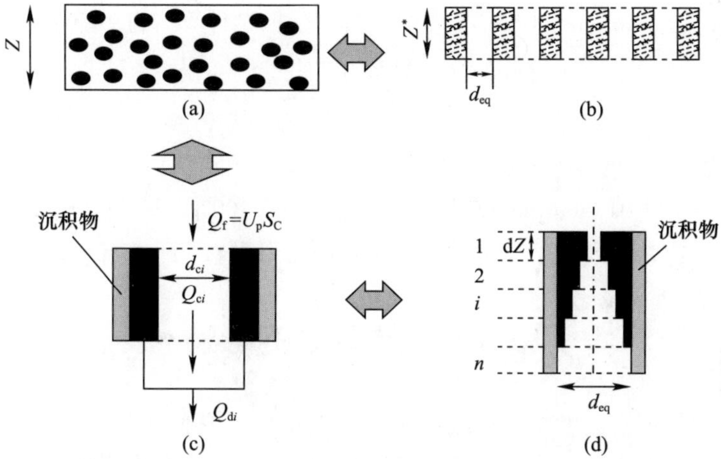

图 5.24　Bourrous 等[BOU 16]的堵塞过程中的纤维介质模型

（a）纤维介质；（b）毛细管介质；（c）孔的内部堵塞；（d）单元。

在层流流动中，使用泊肃叶方程来计算通过孔隙的压降，即

$$\Delta P_0 = \frac{32U_p \mu Z^*}{d_{eq}^2} \tag{5.41}$$

考虑到孔隙中的流速等于间隙速度（$U_p = U_f/(1-\alpha)$），孔隙直径为

$$d_{eq} = \sqrt{\frac{32\mu U_p Z^*}{\Delta P_0}} \tag{5.42}$$

式中：Z 和 α 分别为纤维介质的厚度和填充密度。

毛细管介质(类比于纤维介质)上的压降的演变可以近似等效为孔径堵塞相关的压降,这将导致毛细管直径的收缩。由于在深度堵塞阶段纤维介质中存在气溶胶穿透率分布,Bourrous 认为在等效的毛细孔中也必须考虑这一点。这就是为什么他将孔隙分成 n 层,每一层的厚度为 dZ(图 5.24(c)),且具有不同的堵塞程度。对于这些层(图 5.24(d))中的每一层而言,其容积流量的一小部分穿过多孔沉积物(填充密度 α_p),另一部分通过直径为 d_{ci} 的自由流动区。考虑到

$$Q_f = Q_{di} + Q_{ci} \tag{5.43}$$

并且

$$\Delta P_{di}(Q_{di}) = \Delta P_{ci}(Q_{ci}) \tag{5.44}$$

从而可以确定 Q_{di} 和 Q_{ci}。

沉积物的压降可以根据 Thomas 等[THO 14]提出的纳米结构颗粒沉积模型计算,也可以使用 Kozeny – Carman 模型及其衍生模型计算。自由流区直径为

$$d_{ci} = d_{eq}\sqrt{1 - \frac{\alpha_i}{\alpha_d}} \tag{5.45}$$

式中:α_i 为第 i 层的填充密度,采用穿透率分布(式(5.11))计算。

在这种方法中,Bourrous 等[BOU 16]假设效率为 100%,穿透因子(k)与堵塞的程度无关。这些假设对于高效过滤器和亚微米级颗粒(d_p < 500nm)是可行的。

5.7 空气湿度的影响

悬浮在气流中的颗粒或形成滤饼的颗粒可以与它们所处的环境相互作用,特别是空气中的水蒸气。由此可以推断,颗粒对水的亲和作用将对压降和捕集效率产生影响。因此,必须将疏水颗粒与亲水颗粒区分开来。

5.7.1 吸湿性颗粒

如果一个颗粒倾向于吸收或吸附空气中的水分,我们就称它为吸湿性颗粒。这种吸附仅从一定的相对湿度水平(给定温度下水蒸气的分压与水的平衡蒸汽压之比)开始,称为潮解点或潮解相对湿度(DRH)(图 5.25)。表 5.2 列出了各种组合的一些 DRH 值。达到潮解点时,颗粒将溶解在其吸附的一定量的水中,产生浓度接近颗粒本构材料溶解度极限的溶液液滴。当 RH 值大于潮解点时,液滴的大小继续增大。相反,当相对湿度降低时,水蒸发成较小的液滴,直到溶质在某一相对湿度水平下结晶,这个临界点被称为风化相对湿度(ERH)。必须

指出的是，若相对湿度降低，结晶将发生在低于潮解点的值，导致结晶滞后。在这个相对湿度范围内，由于没有结晶核，液滴仍处于亚稳态。对于大于 100 nm 的颗粒，DRH 和 ERH 与粒径分布无关。相反，对于纳米颗粒，Biskos 等[BIS 06]和 Villani[VIL 06]已经利用 NaCl 颗粒证明，这些值随着颗粒尺寸的减小而增加。

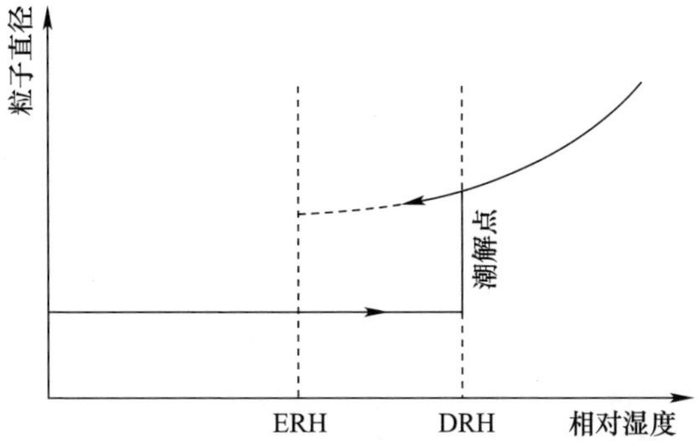

图 5.25　吸湿颗粒的直径关于空气的相对湿度的演变示意图

表 5.2　不同复合材料在不同温度下的潮解点相对湿度（Greespan[GRE 77]）

单位：%

复合材料	温度			
	10℃	20℃	30℃	40℃
CH_3CO_2K	23.4	23.1	21.6	—
K_2CO_3	43.1	43.2	43.2	—
$Mg(NO_3)_2$	57.4	54.4	51.4	48.4
NaCl	75.7	75.5	75.1	74.7
NH_4Cl	—	79.2	77.9	—
$(NH_4)_2SO_4$	82.1	81.3	80.6	79.9
KCl	86.8	85.1	83.6	82.3
KNO_3	96.0	94.6	92.3	89.0
K_2SO_4	98.2	97.6	97	96.4

在潮湿条件下，当相对湿度增加到潮解点时[JOU 10,GUP 93]，过滤吸湿颗粒（NaCl）获得的沉积物流动阻力减小。一些作者以及 Montgomery 等[MON 15]最近表明，当空气在过滤器内流动时，虽然其相对湿度不大于溶解点，但由于相对湿度高于堵塞阶段对应湿度，NaCl 颗粒过滤效率和流动阻力均有所下降。这些阻力变化归因于沉积物结构的改变。从本质上说，湿度的增加导致了与水蒸气吸附有关的颗粒直径的增大[HU 10]，并改变了这些颗粒的形态[WIS 08]。Gupta 等[GUP 93]和 Joubert 等[JOU 10]观察到，当相对湿度值大于潮解点时，压降会急剧增

加，这与液体薄膜的出现有关。在这种情况下，压降的演变与被液体气溶胶堵塞的过滤器的压降演变相同（见第 6 章）。

5.7.2 非吸湿性颗粒

根据 Gupta 等[GUP 93]、Joubert 等[JOU 10]和 Montgomery 等[MON 15]的研究结果，相对湿度值对于平均直径在 0.2 ~ 4μm 之间的氧化铝颗粒的过滤流阻的变化影响很小。当湿度值大于 85% ~ 90% 时，这种影响才有所体现，流动阻力略有下降。对于纳米颗粒（Zn – Al 混合物、碳、二氧化硅），Ribeyre[RIB 15]已经表明，在过滤气体由干燥空气调整为潮湿空气时，过滤形成的沉积物厚度会减少。相对湿度值大于 70% 时，这种厚度变化更加明显。这种结构上的改变可以通过改变纳米结构沉积物的内力来解释，内力是由于水蒸气的吸附（相对湿度小于 70%）和毛细冷凝引起的颗粒之间液体桥的存在（相对湿度大于 70%）而产生的。液体桥的存在和沉积厚度的减少导致孔隙率的降低，这解释了相对湿的环境下观察到的压降的增加。在过滤气体相对湿度为 80% 时，对于纳米碳颗粒、二氧化硅颗粒和 Zn – Al 混合物，压降之间的关系（$\Delta P_{RH}/\Delta P_{RH=0}$）分别为 1.05、1.2 和 1.4。图 5.26 显示了孔隙率随空气相对湿度变化的情况。

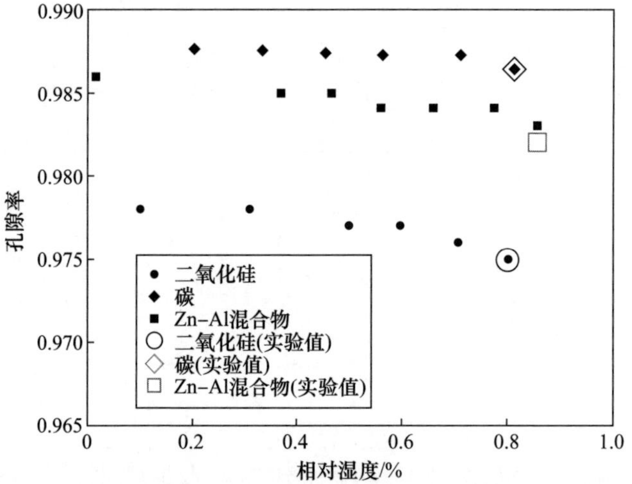

图 5.26　孔隙率随纳米结构二氧化硅颗粒、碳颗粒和 Zn – Al 混合物颗粒沉积物的相对湿度的演变（实验数值根据文献[RIB 15]）

孔隙率在热力平衡时的测定需要考虑沉积物的厚度和被沉积物吸收的水量。Ribeyre 等[RIB 15]使用基于吸附等温线并将吸附和毛细管冷凝相结合的模型计算得到。Ribeyre[RIB 15]能够证明，一个集成了孔隙演化的压降模型（以这种方式计算）使得充分描述纳米结构沉积物压降演化成为可能。

参考文献

[BER 78] BERGMAN W., TAYLOR R., MILLER H. *et al.*, "Enhanced filtration program at LLL – a progress report", *15th DOE Nuclear Air Cleaning Conference*, 1978.

[BIS 06] BISKOS G., PAULSEN D., RUSSELL L. *et al.*, "Prompt deliquescence and efflorescence of aerosol nanoparticles", *Atmospheric Chemistry and Physics*, vol. 6, no. 12, pp. 4633 – 4642, 2006.

[BOU 14a] BOURROUS S., BOUILLOUX L., OUF F. – X. *et al.*, "Measurement of the nanoparticles distribution in flat and pleated filters during clogging", *Aerosol Science and Technology*, vol. 48, no. 4, pp. 392 – 400, 2014.

[BOU 14b] BOURROUS S., Etude du colmtage des filtres THE plans et à petits plis par des agrégats de nanoparticules simulant un aérosol de combustion, PhD Thesis, University of Lorraine, Nancy, 2014.

[BOU 16] BOURROUS S., BOUILLOUX L., OUF F. – X. *et al.*, "Measurement and modeling of pressure drop of {HEPA} filters clogged with ultrafine particles", *Powder Technology*, vol. 289, pp. 109 – 117, 2016.

[BRA 99] BRASIL A., FARIAS T. L., CARVALHO M., "A recipe for image characterization of fractal – like aggregates", *Journal of Aerosol Science*, vol. 30, no. 10, pp. 1379 – 1389, 1999.

[BRO 98] BROCK S., TARLETON E., "The use of fractal dimensions in filtration", *Proceedings of the World Congress Particle Technology* 3, Brighton, UK, 1998.

[CAL 00] CALLÉ S., Etude des performances des medias filtrants utilisés en dépoussiérage industriel, PhD Thesis, Institut National Polytechnique de Lorraine, Nancy, 2000.

[CHE 82] CHEN F., The permeability of compressed fiber mats and the effect of surface area reduction and fiber geometry, PhD Thesis, The Institute of Paper Chemistry, Appleton, 1982.

[CHE 13] CHENG L., KIRSCH R., WIEGMANN A. *et al.*, "PleatLab: a pleat scale simulation environment for filtration simulation", *in FILTECH*, Wiesbaden, Germany, 2013.

[DAV 73] DAVIES C. N., *Air Filtration*, Academic Press, New York, 1973.

[ELM 09] ELMØE T., TRICOLI A., GRUNWALDT J. – D. *et al.*, "Filtration of nanoparticles: Evolution of cake structure and pressure-drop", *Journal of Aerosol Science*, vol. 40, no. 11, pp. 965 – 981, 2009.

[ELM 11] ELMØE T. D., TRICOLI A., GRUNWALDT J. – D., "Characterization of highly porous nanoparticle deposits by permeance measurements", *Powder Technology*, vol. 207, no. 1, pp. 279 – 289, 2011.

[END 02] ENDO Y., CHEN D. – R., PUI D. Y., "Theoretical consideration of permeation resistance of fluid through a particle packed layer", *Powder Technology*, vol. 124, no. 1, pp. 119 – 126, 2002.

[FOT 11] FOTOVATI S., HOSSEINI S., TAFRESHI H. V. *et al.*, "Modeling instantaneous pressure drop of pleated thin filter media during dust loading", *Chemical Engineering Science*, vol. 66, no. 18, pp. 4036 – 4046, 2011.

[FOW 40] FOWLER Z., HERTEL K., "Flow of a gas through porous media", *Journal of Applied Physics*, vol. 11, no. 7, pp. 496 – 502, 1940.

[FUC 63] FUCHS N., STECHKINA I., "A note on the theory of fibrous aerosol filters", *Annals of Occupational Hygiene*, vol. 6, no. 1, pp. 27 – 30, 1963.

[GER 13] GERVAIS P. – C., Etude expérimentale et numérique du colmatage de filtres plissés, PhD

Thesis, University of Lorraine, 2013.

[GRE 77] GREENSPAN L., "Humidity fixed points of binary saturated aqueaous solutions", *Journal of Research of the National Bureau of Standards Section A: Physics and Chemistry*, vol. 81 A, no. 1, pp. 89 – 96, 1977.

[GUP 93] GUPTA A., NOVICK V. J., BISWAS P. *et al.*, "Effect of humidity and particle hygroscopicity on the mass loading capacity of high efficiency particulate air (HEPA) filters", *Aerosol Science and Technology*, vol. 19, no. 1, pp. 94 – 107, 1993.

[HET 12] HETTKAMP P., KASPER G., MEYER J., "Influence of geometric and kinetic parameters on the performance of pleated filters", *World Filtration Congress*, vol. 11, p. G27, 2012.

[HIN 97] HINDS W. C., KADRICHU N. P., "The effect of dust loading on penetration and resistance of glass fiber filters", *Aerosol Science and Technology*, vol. 27, no. 2, pp. 162 – 173, 1997.

[HU 10] HU D., QIAO L., CHEN J. *et al.*, "Hygroscopicity of inorganic aerosols: size and relative humidity effects on the growth factor", *Aerosol and Air Quality Research*, vol. 10, no. 3, pp. 255 – 264, 2010.

[ING 63] INGMANSON W., ANDREW B., "High velocity flow through fibre mats", *TAPPI*, vol. 3, pp. 150 – 155, 1963.

[JAP 94] JAPUNTICH D., STENHOUSE J., LIU B., "Experimental results of solid monodisperse particle clogging of fibrous filters", *Journal of Aerosol Science*, vol. 25, no. 2, pp. 385 – 393, 1994.

[JAP 97] JAPUNTICH D., STENHOUSE J., LIU B., "Effective pore diameter and monodisperse particle clogging of fibrous filters", *Journal of Aerosol Science*, vol. 28, no. 1, pp. 147 – 158, 1997.

[JEO 04] JEON K. – J., JUNG Y. – W., "A simulation study on the compression behavior of dust cakes", *Powder Technology*, vol. 141, no. 1 – 2, pp. 1 – 11, 2004.

[JOU 09] JOUBERT A., Performance des filtres plissés à Très Haute Efficacité en fonction de l'humidité relative de l'air, PhD Thesis, Institut National Polytechnique de Lorraine, Nancy, 2009.

[JOU 10] JOUBERT A., LABORDE J. – C., BOUILLOUX L. *et al.*, "Influence of humidity on clogging of flat and pleated HEPA filters", *Aerosol Science and Technology*, vol. 44, no. 12, pp. 1065 – 1076, 2010.

[JUD 70] JUDA J., CHROSCIEL S., "Ein theoretisches Modell der Druckverlusterhöhnung beim Filtrationsvorgang", *Staub Reinhaltung der Luft*, vol. 30, no. 5, pp. 196 – 198, 1970.

[KAN 90] KANAOKA C., HIRAGI S., "Pressure drop of air filter with dust load", *Journal of Aerosol Science*, vol. 21, no. 1, pp. 127 – 137, 1990.

[KAN 98] KANAOKA C., "Performance of an air filter at dust – loaded condition", chapter in SPURNY K., *Advances in Aerosol Filtration*, Lewis Publishers, 1998.

[KAS 09] KASPER G., SCHOLLMEIER S., MEYER J. *et al.*, "The collection efficiency of a particle-loaded single filter fiber", *Journal of Aerosol Science*, vol. 40, no. 12, pp. 993 – 1009, 2009.

[KAS 10] KASPER G., SCHOLLMEIER S., MEYER J., "Structure and density of deposits formed on filter fibers by inertial particle deposition and bounce", *Journal of Aerosol Science*, vol. 41, no. 12, pp. 1167 – 1182, 2010.

[KIM 09] KIM S. C., WANG J., SHIN W. G. *et al.*, "Structural properties and filter loading characteristics of soot agglomerates", *Aerosol Science and Technology*, vol. 43, no. 10, pp. 1033 – 1041, 2009.

[KIR 98] KIRSCH V., "Method for the calculation of an increase in the pressure drop in an aerosol filter on clogging with solid particles", *Colloid Journal of the Russian Academy of Sciences: Kolloidnyi Zhurnal*, vol. 60, no. 4, pp. 439 – 443, 1998.

[LET 90] LETOURNEAU P. ,MULCEY P. J. V. ,"Aerosol penetration inside HEPA filtration media",21*st DOE Nuclear Air Cleaning Conference*,San Diego,California,pp. 128 – 143,1990.

[LET 92] LETOURNEAU P. ,RENAUDIN V. ,VENDEL J. ,"Effects of the particle penetration inside the filter medium on the HEPA filter pressure drop",22*th DOE Nuclear Air Cleaning Conference*,Denver,pp. 128 – 143,1992.

[LIU 13] LIU J. ,SWANSON J. J. ,KITTELSON D. B. *et al.* ,"Microstructural and loading characteristics of diesel aggregate cakes",*Powder Technology*,vol. 241,pp. 244 – 251,2013.

[MAD 06] MÄDLER L. ,LALL A. A. ,FRIEDLANDER S. K. ,"One – step aerosol synthesis of nanoparticle agglomerate films:simulation of film porosity and thickness",*Nanotechnology*,vol. 17,no. 19,p. 4783,2006.

[MON 15] MONTGOMERY J. ,GREEN S. ,ROGAK S. ,"Impact of relative humidity on HVAC filters loaded with hygroscopic and non – hygroscopic particles",*Aerosol Science and Technology*,vol. 49,no. 5,pp. 322 – 331,2015.

[NOV 92] NOVICK V. J. ,MONSON P. R. ,ELLISON P. E. ,"The effect of solid particle mass loading on the pressure drop of HEPA filters",*Journal of Aerosol Science*,vol. 23,no. 6,pp. 657 – 665,1992.

[PAY 92] PAYET S. B. ,BOULAUD D. ,MADELAINE G. *et al.* ,"Penetration and pressure drop of a HEPA filter during loading with submicron liquid particles",*Journal of Aerosol Science*,vol. 23,no. 7,pp. 723 – 735,1992.

[PEN 98] PÉNICOT P. ,Etude de la performance de filtres à fibres lors de la filtration d'aérosols liquides ou solides submicroniques,PhD Thesis,Institut National Polytechnique de Lorraine,Nancy,1998.

[RIB 14] RIBEYRE Q. ,GRÉVILLOT G. ,CHARVET A. *et al.* ,"Modelling of water adsorption – condensation isotherms on beds of nanoparticles",*Chemical Engineering Science*,vol. 113,pp. 1 – 10,7 2014.

[RIB 15] RIBEYRE Q. ,Influence de l'humidité de l'air sur la perte de charge d'un dépôt nanostructuré, PhD Thesis,University of Lorraine,2015.

[SAK 00] SAKANO T. ,OTANI Y. ,NAMIKI N. *et al.* ,"Particle collection of medium performance air filters consisting of binary fibers under dust loaded conditions",*Separation and Purification Technology*,vol. 19, no. 1,pp. 145 – 152,2000.

[SAL 14] SALEH A. ,FOTOVATI S. ,TAFRESHI H. V. *et al.* ,"Modeling service life of pleated filters exposed to poly – dispersed aerosols",*Powder Technology*,vol. 266,pp. 79 – 89,2014.

[SCH 91] SCHMIDT E. ,LOEFFLER F. ,"Analysis of dust cake structures",*Particle & Particle Systems Characterization*,vol. 8,no. 2,pp. 105 – 109,1991.

[THO 01] THOMAS D. ,PENICOT P. ,CONTAL P. *et al.* ,"Clogging of fibrous filters by solid aerosol particles experimental and modelling study", *Chemical Engineering Science*, vol. 56, no. 11, pp. 3549 – 3561,2001.

[THO 14] THOMAS D. ,OUF F. ,GENSDARMES F. *et al.* ,"Pressure drop model for nanostructured deposits",*Separation and Purification Technology*,vol. 138,pp. 144 – 152,2014.

[VIL 06] VILLANI P. ,Développement et applications d'un système de mesure des propriétés hygroscopiques de particules atmosphériques type VH-TDMA,PhD Thesis,University Blaise Pascal,Clermond-Ferrand,2006.

[WAL 96] WALSH D. ,"Recent advances in the understanding of fibrous filter behaviour under solid particle load",*Filtration and Separation*,vol. 33,no. 6,pp. 501 – 506,1996.

[WIS 08] WISE M. E. ,MARTIN S. T. ,RUSSELL L. M. *et al.* ,"Water uptake by NaCl particles prior to deliquescence and the phase rule", *Aerosol Science and Technology*, vol. 42, no. 4, pp. 281 – 294, 2008.

[YU 97] YU A., BRIDGWATER J., BURBIDGE A., "On the modelling of the packing of fine particles", *Powder Technology*, vol. 92, no. 3, pp. 185 – 194, 1997.

[YU 03] YU A., FENG C., ZOU R. *et al.*, "On the relationship between porosity and interparticle forces", *Powder Technology*, vol. 130, no. 1 – 3, pp. 70 – 76, 2003.

第 6 章

液体气溶胶的过滤

6.1 概　　述

液体气溶胶是在机械工业(由于在金属加工或压缩气体的生产过程中使用油而产生的雾)和农业产业(植物检疫产品)等领域产生的污染物的形态之一,它在大气污染物中占相当大的部分。这些液体气溶胶以油雾的形式存在,主要有 3 个不同的产生过程。

(1) 机械雾化:许多学者[GUN 99, BOU 00, COO 98, SIM 00]的研究表明,在旋转设备具有较高的旋转速度时(产生高的剪切力),与其接触的液体能够获得足够高的机械能并分散成小液滴。

(2) 蒸发与冷凝:一些作者[THO 00, GUN 99, BOU 00, SIM 00]的研究表明,由于在加工过程中可能存在极端的温度,这会导致一些液体蒸发,随后在稍冷的区域内围绕着自发形成的凝结核或异相凝结核凝结成液滴。

(3) 气液接触设备中的气流夹带:Schaber 等[SCH 02]通过计算表明,来自于板式塔的气流在流经冷却塔时会携带液滴,在冷凝器与吸收器出口测得的液滴浓度值通常为每立方厘米 $10^5 \sim 10^7$ 个液滴,液滴的直径范围为 0.5 ~ 3μm。

Thornburg 和 Leith[THO 00]通过实验测试了由不同机理形成的油雾气溶胶的粒径分布,结果表明:在实验所涉及的机理中,通过气流夹带和蒸发 - 冷凝机理产生的液滴尺寸都非常细小(0.5 ~ 3μm),而由机械雾化所产生液滴的直径介于 5 ~ 110μm,具体取决于油的类型、离心速度和液体流量。

压缩空气普遍应用于工业和实验室中。对空气进行压缩会导致润滑油的汽化。随后,由于空气在分配过程中迅速冷却,因此油蒸汽也会冷凝形成极细的雾滴。Brink 等[BRI 66]针对压缩空气情况进行的一系列试验表明,80% ~ 90% 的油雾是由直径小于 1μm 的油液滴组成的。

这些油雾可能成为一种有害或有利用价值的产物。因此,无论从哪方面考虑,对这些油滴都必须进行回收以便重复使用,如果这些油滴对环境以及人类健康产生潜在威胁或可能危害到工业过程,通过回收油滴也可将这些负面影响消除。目前,过滤是分离液体气溶胶最常用的技术。

6.2 液体气溶胶的阻塞

虽然目前已经研制了多种针对含液滴条件的气体净化系统(如旋风分离器),但液体气溶胶仍然主要使用纤维过滤器处理。下面描述了液体气溶胶在纤维过滤器中所经历的过程,以及过滤过程中所涉及的不同步骤。

6.2.1 过滤器内液体气溶胶的终态

图 6.1 描绘了过滤系统中所弥漫雾滴的多种可能归宿。在上游,液滴与过滤样品中的挥发性和半挥发性的化合物蒸汽共存。当它们在过滤介质中传输时,由液滴的特性(尺寸和密度)、过滤器的特性(填充密度和纤维直径)以及运行条件(速度)共同决定过滤器对液滴的收集情况(见第 4 章)。大部分液滴在过滤器中积累并流向介质的下游区域,也有一部分液滴会蒸发并以蒸汽的形式离开过滤器。此外,气流所产生的力会将过滤器中收集的部分液体以液滴的形式重新带出,并将其带到过滤器的下游。最后,一部分流体会在毛细效应的滞留作用下无限期地留在过滤器中。

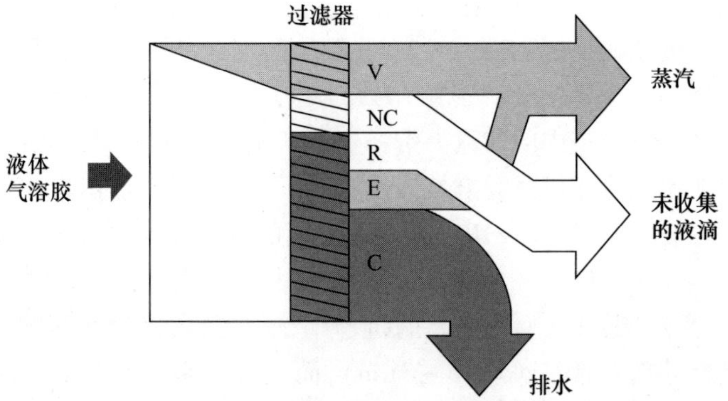

图 6.1　液体气溶胶过滤的示意图(文献[RAY 00])
V—蒸汽; NC—未收集的液滴; R—再夹带; E—蒸发; C—收集的液滴。

当过滤系统的工作时间以及运行条件发生变化时,过滤器内捕集、排出、蒸发或被带到过滤器下游的液体气溶胶的比例也可能会随之发生变化,因此增加了液体气溶胶过滤的复杂性。所以高效的过滤器必须最大程度从气流中捕集液滴，同时不仅要尽量减小液滴的蒸发量及其重新夹带到系统中的量，还要使压降最小化。

6.2.1.1 过滤介质中气溶胶的蒸发

在过滤介质上游和介质内部收集的液滴均可能产生蒸发。尽管许多挥发性或非挥发性化合物容易蒸发，如农药中的活性成分[THO 03]，但目前大多数研究都集中在“切削油雾”过滤时蒸发的问题[MCA 95,COO 98,RAY 99,RIS 99,VOL 99,SIM 00]。已收集的液体气溶胶的蒸发现象，既可直接通过下游的蒸汽浓度测量值比过滤器上游的蒸汽浓度测量值更高的方式来证明，也可通过测量堵塞期间的过滤器质量来证明[SUT 10]。作者认为，即使油雾被过滤器捕获，在空气流动过程中，介质上和介质内的一些油滴也可能蒸发[ZHA 91,COO 98,SIM 00]。蒸发引起的损失可能受雾化油的物理化学特性（黏度、蒸汽压和闪点）、气溶胶特性（液滴尺寸）和运行条件（温度和过滤速度）的影响有不同的变化。

已经证明，蒸发量会随着温度的增加、过滤速度的增加即通过过滤器的空气体积的增加而增加[COO 98,RAY 99,SIM 00]。Cooper 等[COO 96]围绕油的特性进行了研究，观察到了由 C_{14} 到 C_{20} 的 4 种烷烃（四癸烷、十六癸烷、八癸烷和二十烷）组成的油中，最轻化合物的蒸发量有所增加。此外，发现具有高运动黏度的油（大于 $20\times10^{-6}m^2/s$）不易蒸发，闪点高的油（大于 180℃）也不易蒸发。

总之，所有关于蒸发的研究都表明，一定量的蒸汽会穿过被设计用来捕获液滴的过滤介质。在下游，这些蒸汽可能在较冷的表面或固体颗粒上凝结，同时也会在未被捕获的小液滴上凝结，使得液滴变大。因此，即使过滤器对所有直径的液滴的捕集效率接近 100%，依然可以在过滤器的下游发现蒸汽及凝结形成的液滴。

6.2.1.2 排水

排水不会发生在过滤开始时，而是只有当过滤器建立稳定状态后才会排水[CON 04]。排水的特征也许是被俘获的液滴在过滤器深处被重新聚集分布，并最终在多孔介质的最下游部分在重力作用下自然流出。这种现象在文献中并未得到广泛的记录，并且与已被广泛研究的土壤排水相比，由于土壤与纤维过滤器相比孔隙少且饱和度高，因此土壤排水的特性并不适用。

Raynor 和 Leith[RAY 00]通过实验表明，排水开始时排水速度增加迅速，直到达到平衡值。这一快速增长表明，排水始于最小饱和度 S_o（式(6.1)），其中饱和度 S 由作者定义为过滤器内液体所占的孔隙率。同时，作者用于研究纤维过滤器内液体排出的方法中，包括了开发基于无量纲数的经验模型。因此，为了确定最小饱和度，作者在模型中使用了邦德数 Bo，它表示液体重力和表面张力的比

值(式(6.2)),毛细管数(式(6.3))和过滤介质的填充密度来表示:

$$S_o = 0.96 \frac{\alpha^{0.39}}{Bo^{0.47 + 0.24\ln Bo} \mathrm{Ca}^{0.11}} \tag{6.1}$$

其中

$$Bo = \frac{\rho_1 g d_f^{\ 2}}{\gamma_1} \tag{6.2}$$

$$\mathrm{Ca} = \frac{\mu U_f}{\gamma_1} \tag{6.3}$$

根据饱和度 S_o 的定义和玻璃纤维过滤器实验获取的数据,定义经验排水率 Dr。

当 $S \leqslant S_o$ 时,有

$$\mathrm{Dr} = 0$$

当 $S > S_o$ 时,有

$$\mathrm{Dr} = 1.56 \times 10^{-6} \ln \frac{S}{S_o} \tag{6.4}$$

第二种研究过滤器内液体排出的方法是建立数值模型。Singh 和 Mohanty[SIN 03]已经开发了一个含孔洞的网状动态三维模型,该模型利用通过多孔介质的两相流动进行模拟,结果表明排水在统计学上不受孔径分布变化的影响。

6.2.1.3 再夹带

在过滤器过滤油雾的过程中,液滴聚集在纤维上,并逐渐聚集成更大的液滴,然后液滴在气流与重力的作用下被带出过滤器。当液滴积聚在过滤器的正面时,它可能会以"线状"的液体流动形式排出,也可能以液滴的形式再夹带进入气流。这种再夹带会对过滤性能(过滤系统的过滤效率)造成极大的损害,因为它使得过滤器下游出现新的液滴。研究此现象的难点在于,很难把直接通过过滤器的原生液体气溶胶与经过再夹带在过滤器下游形成的次生气溶胶颗粒区分开来。因此,对于这种再夹带产生液滴的浓度和尺寸分布的测量是复杂的,关于这一主题的文献大多关注定性数据而非定量数据。初次探究再夹带颗粒的概念,并试图通过实验证实这一概念的研究人员是 Leith 等[LEI 96]。他们得到的结果表明,再夹带可能导致次生亚微米液滴的产生。Raynor 和 Leith[RAY 00]、Contal 等[CON 04]以及一些其他学者均得出了同样的定量观测结果,然而 Payet 等[PAY 92]观察到玻璃纤维过滤器过滤时没有再夹带现象的发生。最近,Mullins 等[MUL 14]表示不仅亚微米液滴有再夹带现象,较大液滴也会发生再夹带,其主要来自于过滤器下游表面气泡的破裂。尽管如此,这些超微米液滴往往会迅速沉降或相互

撞击，而不是遵循原有规则的路线运动，这使得在下游对它们进行量化相对困难。

目前，已经有不同的定量技术来表征过滤介质下游产生的次生气溶胶：

（1）测量再夹带液体质量分数的一般方法；

（2）基于惯性碰撞的分析方法；

（3）使用基于不同测量原理的粒度分析仪的在线技术[WUR 15]。

用于测量再夹带液体质量分数的一般方法是基于重量分析，测量原理是利用静电沉积被夹带的气溶胶，然后称量沉积气溶胶的质量[CON 89, RAY 00]，或者更简单地，称重放置在被研究介质下游的超高效过滤器[CON 04, MUL 14]。El - Dessouky 等[ELD 00]也曾在水雾环境下，使用冷凝的方法来确定过滤器下游形成的次生气溶胶的质量。然而，这些一般的测量方法表现出了各种局限性，例如，没有尺寸分辨率，有时也没有时间分辨率。此外，受限于所采用的采样系统，不能保证采集到所有尺寸的次生气溶胶。

基于惯性碰撞的分析方法也存在一些局限性：尺寸分辨率低，具有相同直径的液滴可能会沉积在不同的取样区段[DON 04]，壁上沉积可能也会造成损失[VIR 01]，并且对于半挥发性或挥发性的液体气溶胶，蒸发后的液体也会被收集在撞击板上。

因此，这些方法不常用于量化在介质过滤过程中形成的次生液体气溶胶的尺寸分布和浓度。首选方法是使用可以在线测量和“隔空”测量（“无接触”）的粒度分析仪，如扫描电迁移率粒径谱仪[CHA 08, MEA 13, WUR 15]或光学计数器[BOU 00, MUL 14]。然而，最重要的是，这些粒度分析仪常被用来测量过滤介质的分级效率，很少有研究仅用它们来表征再夹带现象，其中的困难在于时间方面和计量方面。一方面，液体气溶胶过滤现象演变的时间尺度约为数小时[CON 04, CHA 10, KAM 15]，因此需要长时间取样；另一方面，再夹带产生的次生气溶胶覆盖了较大的尺寸谱，并且需要使用不同的测量仪器测量。此外，由于气溶胶在过滤器上游面上的高度局部化，因此需要在大面积上进行采样，并且需要使用检测阈值非常低的设备。克服这些困难的方法是使用不同的测量技术。因此，Wurster 等[WUR 15]采用了不同的粒度分析仪，分别在可湿和不可湿两种纤维上在线实时测量液滴的再夹带，测量纳米级液滴时使用扫描电迁移粒径谱仪，测量亚微米及微米液滴时使用光学计数器。作者还开发了一种创新的光学系统来检测大液滴（尺寸从一百微米到几毫米），并添加了一个系统来检测覆盖氧化镁的平板上的液滴撞击情况。通过这些装置的组合，可以完整地描述油滴的再夹带过程，同时能够证明再夹带产生的液滴主要由微米级液滴（约 1000 万个/m^3），以及 200 ~ 300μm（1000 ~ 10000 个/m^3）尺寸的液滴组成。

总之,由于再夹带为一个瞬态过程,且在此过程中形成的次生液滴的尺寸和浓度范围很大,因此要准确地表征再夹带现象是极其复杂的。

6.2.2 液体气溶胶过滤的阶段

与固体气溶胶相比,液体气溶胶(如 DEHS、DOP、甘油)以稳定的速率堵塞纤维过滤器的过程也是以压降和穿透率的变化来表征的。一些学者[WAL 96,CON 04,CHA 10]将堵塞过程划分为一系列离散的阶段,如图 6.2 所示。

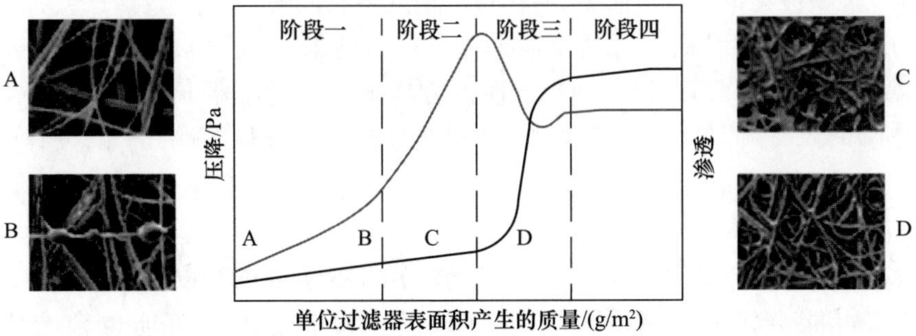

图 6.2 亚微米液体气溶胶对过滤器堵塞过程中的性质变化和液滴沉积(根据文献[CON 04])

6.2.2.1 阶段一:以液滴的形式沉积在表面

Walsh 等[WAL 96]指出,在过滤的初始阶段固体颗粒和液体液滴的过滤差别不大。过滤器对液滴的捕获主要集中在纤维的表面,并且液体以液滴(椭球形)的形式沉积在纤维上,环绕着纤维(图 6.2 中的 B)。Contal 等[CON 04]认为这种沉积有两种影响:一方面,由于表面摩擦增加,压降略有增加;另一方面,由于纤维的有效过滤面积减少,过滤器的穿透率增加。Charvet 等[CHA 10]将第一阶段命名为"静态过滤",他们认为这一阶段被收集到过滤器内的少量液体是静止不动的。因此,认为介质中不同纤维之间不存在液体的转移,这一阶段的纤维对液滴的捕集只由那些经典颗粒捕集机制决定,如扩散、拦截或惯性碰撞。

6.2.2.2 阶段二:聚合和过滤面积减少

图 6.2 显示了第二阶段开始时压降和穿透率的变化,可以看出穿透率呈指数上升,压降的增加略有减缓。这种现象产生的原因是:一方面,与新俘获的液滴发生聚合[AGR 98]导致液滴尺寸增加,这往往会覆盖更多的纤维,从而减少这些纤维的有效过滤面积[CON 04];另一方面,Walsh 等[WAL 96]指出此阶段俘获的液体在堵塞过程中不会保持不动,而是在毛细管力的作用下在介质中重新分布,这种重新分布也会使得过滤量减少。

6.2.2.3 阶段三:液相搭桥和液膜形成

当沉积在过滤器内液体的质量达到某一值时,过滤则进入阶段三[GOU 95]。

这一阶段的特点是在过滤器表面形成液膜(图 6.2 中的 C)[CON 04,FRI 05]。纤维与纤维交叉处之间出现液相搭桥和液膜,而且纤维之间间隙的堵塞导致流动阻力迅速增加,因此,若保持过滤气体流量不变,则整个过滤器的压降也会增加。而且,在过滤器中空气可以自由流动的空间越来越小,这增加了气体在间隙内的流动速度,从而增强惯性碰撞的捕集作用,减小微米级液滴的穿透率。在这一阶段,一部分已收集的液体会向下游各层迁移。Agranovski 和 Braddock[AGR 98]观察到在迁移过程中重新分布的液滴将润湿通道内的其他纤维,这样在足够长的时间后,液体将覆盖过滤器的所有纤维。Charvet 等[CHA 10]认为阶段二和阶段三段是一个相同的阶段,称为动态过滤,动态过滤过程中捕获的液滴会聚集,并且聚集形成的液“池”会在气体曳力的作用下移动。因此,在这个阶段液体可以移动到过滤器的内部,这就是为什么用“动态”来定义这一过滤阶段的原因。

6.2.2.4 阶段四:平衡状态

在堵塞结束时,整个过滤器表面形成液体桥(图 6.2 中的 D)。因此,在过滤、液滴的重新夹带和排出之间形成了准平稳状态[WAL 96],导致了压降和穿透率的稳定。

此外,必须说明,每个阶段持续多长时间在很大程度上取决于过滤器的特性(平均纤维直径、厚度、填充密度和材料)、气溶胶特性(性质、尺寸分布、密度和浓度)以及运行条件,如过滤速度等。例如,对于疏油的过滤器而言,Kampa 等[KAM 15]发现它的压降和穿透率的变化非常迅速,几乎立即完成,即没有阶段一。

6.2.3 运行条件的影响

正如预期的那样,过滤速度是一个对过滤器压降有很大影响的参数,压降会随着过滤速度的增加而增加[CON 04]。Charvet 等[CHA 08]在液体气溶胶过滤过程中观察到相同的变化趋势,并指出如果时间演变的速率保持恒定,较高的过滤速度会导致压降的指数增加提前。换言之,过滤达到阶段三时,过滤器内所需的累积的液体质量随着过滤速度的增加而降低。作者通过以下假设对此进行了解释:较高的过滤速度会促进被过滤器俘获液滴的重新分布,从而促进其聚合。因此,对于相同的液体收集质量,液体的分布差异取决于过滤速度。反之,作者证明在平衡状态下较低的流速会使流动阻力增加。这主要是因为液体的高速位移有利于液体在整个多孔介质中的分布,并会使阻力最小化。Contal 等[CON 04]强调这种高速位移带来的优势是液体气溶胶过滤的独有特点(与固体气溶胶过滤相比)。

对于不同浓度的液体气溶胶的过滤，这两个研究团队均没有观察到过滤器堵塞过程中任何显著的压降变化。这似乎证明了对于给定的过滤速度，压降基本上取决于收集到的液体质量。从工业的角度来看，由于产生液体气溶胶多是一种不连续的现象，因此这一结果是非常有意义的。这基本上意味着无论液滴通量如何，对于相同的收集质量，过滤器均将产生类似的压降。

此外，Contal 等[CON 04]证明液体的物理化学特性似乎对纤维过滤器的压降也有很大的影响。Contal 观察到，平衡阶段的压降随着液体表面张力的增大而增大。他们把这些观察结果归因于球状液滴或液体“池”的形成，二者的形成取决于表面张力；球形液滴具有较低的流动阻力，而在纤维的交叉处形成的液体“池”具有高的流动阻力，从而导致更大的压降。但是，鉴于液体的黏度和表面张力沿相同方向变化，很难区分并计算单独参数的影响。

最后，Bredin 和 Mullins[BRE 12a]研究了过滤平衡阶段中气流中断的影响。他们观察到，在平衡时有第二个压降，且该压降大于流量中断前的压降。他们将这种变化归因于可能发生的液体在过滤器内的再分配。

关于效率的研究是很难相互比较的，因为就效率而言，既有总效率也有分级效率，而且可以表示为质量效率和数量效率，涉及粒径从几十纳米到几十微米的颗粒。在过滤过程中，过滤器内的堵塞和随后液体的积累会导致间隙流动速度的增加，速度的这种变化将导致扩散捕集效率的降低以及撞击捕集效率的增加(图 6.3)。换句话说，堵塞是微米颗粒过滤效率提高和亚微米或纳米颗粒过滤效率降低的原因[CON 89, PAY 92, LEI 96, RAY 99, CHA 10]。同理，增加过滤速度时也可以得出同样的结论。此外，如果过滤速度在介质堵塞过程中起主导作用[CON 04]，液体液滴的浓度对过滤效率影响不大。

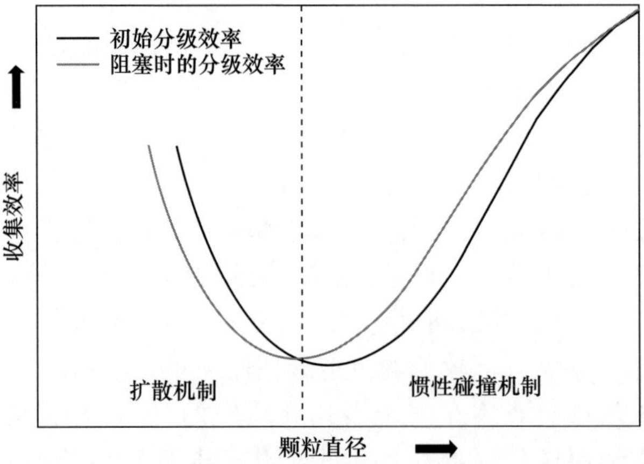

图 6.3　液体气溶胶堵塞纤维介质过程中分级效率的变化

6.3 阻塞模型

本节将重点介绍现有的可以预测纤维过滤器内液体气溶胶堵塞的宏观模型。到目前为止，计算流体力学在过滤领域中的应用主要集中在纤维介质中的流体流动，用以预测由纤维的排列方式[FOT 10]或双峰纤维尺寸分布[TAF 09,GER 12]决定的过滤器的渗透率[JAG 08]。虽然已经进行了一些 CFD 研究来模拟纤维过滤器的初始效率[FOT 10]，但很少有关于这些过滤器被固体颗粒堵塞时的研究，而关于液滴堵塞的研究更少[MEA 13]。

6.3.1 阻塞阶段的效率计算模型

6.3.1.1 整体效率计算模型

文献中描述的效率模型几乎都是整体考虑的，即模型认为液体均匀分布在过滤器内，尽管这并不反映现实，因为当接近过滤器下游区域时，过滤器中液体的量会减少。一种常用的预测过滤器整体效率的方法是先估计单根纤维的效率，单根纤维效率可根据不同的液滴俘获机制计算（见第 4 章）。对于洁净过滤器初始效率的建模在文献中很常见，却很少有作者建立湿润过滤器的穿透率模型。表 6.1 概述了文献中与此相关的不同计算方式，它们均以下式表达：

$$E = 1 - k_1 \exp\left[k_2 \frac{-4\alpha'\eta' Z}{\pi d_f'(1-\alpha')} \right] \tag{6.5}$$

修正后的单纤维效率 η' 对应于所有单根纤维效率之和，其中包含根据堵塞过程中间隙速度的变化而修正的斯托克斯数和贝克来数。这一修正不适用于 Raynor 的方法，因为作者没有考虑到堵塞过程中单纤维效率的变化。换言之，Raynor 和 Leith[RAY 00]假设被液体覆盖的那部分纤维过滤效率为零，并且用比纤维直径大得多的液“池”（凝聚液滴）的直径证明这一点。另外，Gougeon[GOU 95]为改进单根纤维效率，考虑在现有捕集机制基础上增加一种机制，这种附加机制考虑了过滤器堵塞过程中内部液体表面的碰撞。

由 Conder[LIE 85,CON 89]提出的模型也使用了许多经验系数来描述由液体在介质中积累而引起的效率变化，值得注意的是，模型中取直径倍数为 1.1，这主要是考虑到纤维直径的变化（根据照片显示所定）。Payet[PAY 92]和 Gougeon[GOU 96]提出的模型考虑了纤维介质中收集液体引起的填充密度增加，但未考虑液体积累导致的纤维直径增加。然而，尽管通过一些过滤器参数（填充密度、纤维直径）的修正考虑由液体积累所带来的变化，但这些模型仍不能准确描述液体过滤器不同堵塞阶段的过滤效率。

Kampa 等[KAM 15]最近基于实验现象提出了一种“跳跃和通道”模型，该模型以两个大阶段为基础。第一阶段的主要特征在于压降的突然跃变，这是由于克服过滤器表面上液膜的流动阻力时消耗能量造成的；第二阶段对应于收集的液体在过滤器通道内的位移，其特点是压降增加平缓。虽然这是一个纯粹的描述性模型，但它足以表达亲油和疏油过滤器在压降变化过程中的行为差异。

6.3.1.2 堵塞阶段的效率计算模型

Frising 等[FRI 05]针对液体过滤器堵塞过程中的效率计算开发了模型，分别给出 4 个主要过滤阶段内过滤效率的表达式。这种现象学模型的发展（其中过滤器沿其厚度方向离散化）强加了某些假设，例如，假定过滤器是均匀的和各向同性的。也就是说，沿着过滤器的厚度方向填充密度和纤维尺寸是均匀的。

Frising 认为，在过滤开始（第一阶段）时，在过滤器中收集的液滴会环绕不同的纤维组成一个液体“管”，因此应考虑由此引起的纤维直径的增大效果，并采用收集液滴后纤维直径和未收集液滴的纤维直径的平均值作为修正的纤维直径。事实上，Mullins 和 Kasper[MUL 06]在实验和理论上证明了在孤立的纤维上不可能存在任何稳定的均匀液膜（没有液滴）。他们的结论是基于 Quere[QUE 99]的计算得到的，该计算解释了由于液体表面张力作用，纤维表面的液膜通常是不稳定的（普拉托 – 瑞利（Plateau – Rayleigh）不稳定性），它会自发地产生波纹，同时保持轴对称。对于圆柱形纤维而言，当振荡长度（等于液滴之间的距离）低于一个极限值时，薄膜就会分解成一条液滴链。该极限值是纤维直径和周围液膜厚度的函数，液膜厚度不能超过初始纤维直径的$\sqrt{2}$倍。但是，Mullins 和 Kasper[MUL 06]解释说因为空气中的阻力会导致液膜破裂，所以实际上过滤器纤维上液膜的最大厚度比上述厚度还要小。因此，这些液膜可以存在于纤维的表面上，但是厚度非常有限，并且更多地局限在平行放置的几根纤维之间。因此根据作者的说法，液体会以液滴的形式在纤维表面堆积或是在纤维交叉出形成薄“液池”。

表 6.1 计算湿式过滤器效率的方法的综述

作者	模型的示意图	修正参数的表达式			
		k_1	k_2	d'_f	α'
Conder（文献[CON 89]）	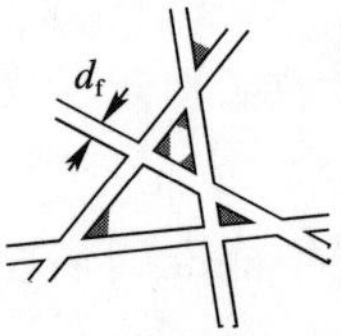	1	$\frac{H_{Ku} df^{2} \Delta P_0}{16 U f \alpha Z \mu}$	$1.1d_f$	$\alpha(1-S^{0.6})$

续表

作者	模型的示意图	修正参数的表达式			
		k_1	k_2	d'_f	α'
Payet（文献[PAY 92]）		1	1	d_f	$\alpha\left(1-\frac{V_1}{\Omega Z}\right)$
Gougeon（文献[GOU 95]）	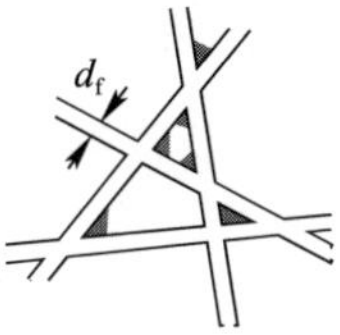	$1-\frac{2E'_i}{1+\xi}+\frac{E'^2_i}{(1+\xi)^2}$，此处，$\xi=\frac{\sqrt{\epsilon'}}{1-\sqrt{\epsilon'}}$，$E'_i=2\mathrm{Stk}\sqrt{\xi}+2\mathrm{Stk}^2\xi\exp\left(\frac{-1}{\mathrm{Stk}\sqrt{\xi}}\right)-2\mathrm{Stk}^2\xi$	1	d_f	$\alpha\left(1-\frac{V_1}{\Omega Z}\right)$
Raynor（文献[RAY 00]）	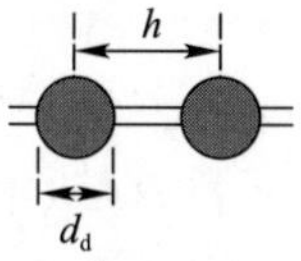	1	$\frac{h-d_d}{h(1-S)}$，此处，$h=5d_f\sqrt{1+\frac{S(1-\alpha)}{\alpha}}$，$d_d=\left[\frac{3S(1-\alpha)d_f^2h}{2\alpha}\right]^{1/3}$	d_f	α

因此，认为过滤器每个部分的填充密度都低于一个值，即 α_t，这与纤维周围“管”的最大直径有关。此外，不考虑液体从一个部分向另一部分的迁移。

第二阶段开始时，纤维周围的液体“管”的直径已达到所考虑截面的最大值。然后，纤维之间出现液桥，并有部分液体从当前截面迁移到下游截面。在第三阶段，所考虑截面的液体填充密度 α_l 是恒定的，并且达到了它的最大值 α_{film}。所有收集到的液体都在毛细管力或气流所产生的力的作用下向较低的部分迁移，认为所有上游截面都是饱和的，因此液体密度 α_{llc} 等于 α_{film}。最后，第四阶段对应于过滤器的每一层均饱和的情况，因此具有相同的液体密度，即 α_{film}。同时，我们可观测到收集的液体量的和排出的液体量之间建立了平衡。

（1）第一阶段：

$$E=1-\exp\left[\frac{-4\eta}{\pi d_{fm}}(\alpha_f+\alpha_l)\mathrm{d}Z\left(1-\frac{2\sqrt{\alpha_f+\alpha_l}}{\sqrt{2\pi}}+\frac{2\sqrt{\alpha_f}}{\sqrt{2\pi}}\right)\right] \tag{6.6}$$

（2）第二阶段：

$$E=1-\exp\left[\frac{-4\eta}{\pi d_{fm}}(\alpha_f+\alpha_l)\mathrm{d}Z\left(1-\frac{2\sqrt{\alpha_f+\alpha_l}}{\sqrt{2\pi}}+\frac{2\sqrt{\alpha_f}}{\sqrt{2\pi}}\right)g(\alpha)\right] \tag{6.7}$$

(3) 第三阶段:

$$E = 1 - \exp\left[\frac{-4\eta}{\pi d_{fm}}(\alpha_f + \alpha_{film})\mathrm{d}Z\left(1 - \frac{2\sqrt{\alpha_f + \alpha_{film}}}{\sqrt{2\pi}} + \frac{2\sqrt{\alpha_f}}{\sqrt{2\pi}}\right)g(\alpha)\right] \quad (6.8)$$

其中

$$g(\alpha) = 1 - \frac{\alpha_{11c} - \alpha_t}{1 - \alpha_f - \alpha_t} \quad (6.9)$$

需要指出的是,这种现象学模型需要确定两种最大密度:α_{film}和 α_t。虽然可以通过实验前后的质量差异来确定 α_{film},但 α_t 只能估算得到。使用这个调整变量会得到一个不太准确的预测模型。尽管存在这些局限性,该模型仍较好地描述了堵塞过程中效率的变化,但无论采用何种单根纤维效率计算模型,都会造成效率值的低估。

6.3.1.3 堵塞过程中效率随时间的变化模型

Charvet 等[CHA 10]建立了纤维过滤器效率随时间的变化模型,模型中将过滤器离散为多个不同的片层,每个片层具有相同的填充密度和纤维直径。这种离散有助于描述介质逐渐堵塞的过程,因此比将过滤器视为整体时得到的模型更接近真实情况。作者首先使用经典的单纤维效率计算模型来确定每个过滤器片层内俘获的液滴数量。这些液体积累在不同的片层内,改变了这些片层的初始特性(纤维直径,填充密度),可按式(6.10)和式(6.11)重新计算[DAV 73]:

$$d_{fm} = d_f\sqrt{1 + \frac{m_l}{\Omega\rho_l Z\alpha}} \quad (6.10)$$

$$\alpha_m = \alpha + \frac{m_l}{\Omega\rho_l Z} \quad (6.11)$$

这些计算随着时间的推移而重复进行,直到第一部分的填充密度达到 α_{max} 值为止。该值主要根据经验确定,可通过称量平衡状态下过滤器内保留液体的量得到。应注意的是每一个过滤器片层新特性的计算都考虑了纤维表面上液膜所能达到的最大值。因此,如果纤维直径在给定的时间点达到最大值,则仅需重新计算填充密度,以获取下一个时间步长的过滤器新特性。纤维直径保持不变,并等于其最大值。随后,作者认为从某一片层的填充密度达到最大值时开始(也就是达到最大液体收集质量),以后收集到的液体会被转移到下一片层。因此,从这个时候起,该层中滞留的液体质量被认为是恒定的,则过滤器这一层的填充密度、纤维直径和压降也认为是恒定的。最后,当所有片层达到最大填充密度时,过滤器中储存的液体质量不再变化。因此,进入过滤器的液体通量与最后一个片层排出的液体通量达到平衡。

6.3.2 阻塞阶段的压降计算模型

6.3.2.1 最终压降的估算

尽管在实验水平上已经相对广泛地研究了过滤器被液体气溶胶堵塞时的压降变化规律，但迄今为止发表的模型研究仍很少。Liew 和 Corder[LIE 85]表示，液体的存在会导致孔隙率的降低，从而增加了过滤器的阻力。他们根据 Geraniol 气溶胶堵塞纤维过滤器的情况，提出了以下表达式来估算最终压降 ΔP_f（在平衡状态下）：

$$\Delta P_f = \Delta P_0\left[1.09\left(\alpha\frac{Z}{d_f}\right)^{-0.561}\left(\frac{Ca}{\cos\Theta_E}\right)^{-0.477}\right] \tag{6.12}$$

Raynor 和 Leith[RAY 00]观察到，在排水过程中，纤维过滤器的压降随着饱和度的增加而增加。根据这一观察结果，产生了在平衡过滤状态下过滤器压降的表达式：

$$\ln\frac{\Delta P_f}{\Delta P_0} = \frac{S^{0.91\pm0.06}}{\alpha^{0.69\pm0.06}}\exp(-1.21\pm0.24) \tag{6.13}$$

然而，由于上述表达式为经验表达式，所以必须谨慎使用，并且只用于与作者所使用过滤器具有相似特性的过滤器。此外，Liew 和 Corder[LIE 85]的表达式使用起来较困难，因为需要知道固体和液体之间的接触角，而接触角的计算较为复杂，特别是像纤维一样的圆柱形物体。

6.3.2.2 压降随时间演化的估算

为了估算过滤器在堵塞过程中的压降，Davies[DAV 73]对他自己的压降模型进行了修正，考虑到了收集到的液体部分的质量 m_l，并将纤维直径和填充密度替换为润湿纤维的直径 d_{fm}和湿纤维的填充密度 α_m，二者由式(6.10)和式(6.11)定义。

$$\Delta P = \frac{64\alpha_m^{3/2}(1+56\alpha_m^3)}{d_{fm}^2}\mu Z U_f \tag{6.14}$$

这个模型认为液体在整个过滤器中是均匀分布的，并使纤维完全湿润，以保护套的形式堆积在纤维上，从而在堵塞过程中导致纤维直径的增加。其他一些学者，特别是 Frising 等[FRI 05]利用这些假设建立了一个现象学模型，模型中也将过滤器离散成多个片层，使人们能够估计堵塞的不同阶段（见 6.3.1.2 节）过滤器内压降的演变（分成几个部分）。

（1）第一阶段：

$$\Delta P = 64\mu Z U_f\frac{(\alpha_f+\alpha_l)(\alpha_f+\alpha_l)^{0.5}}{d_{fm}^{\ 2}}\left[1+16(\alpha_f+\alpha_l)^{2.5}\right] \tag{6.15}$$

(2) 第二阶段:

$$\Delta P = 64\mu Z \frac{U_{\mathrm{f}}}{1-\alpha_{\mathrm{l}}+\alpha_{\mathrm{t}}} \frac{(\alpha_{\mathrm{f}}+\alpha_{\mathrm{t}})(\alpha_{\mathrm{f}}+\alpha_{\mathrm{l}})^{0.5}}{d_{\mathrm{fm}}^{2}}[1+16(\alpha_{\mathrm{f}}+\alpha_{\mathrm{l}})^{2.5}] \quad (6.16)$$

(3) 第三阶段:

$$\Delta P = 64\mu Z \frac{U_{\mathrm{f}}}{1-\alpha_{\mathrm{film}}+\alpha_{\mathrm{t}}} \frac{(\alpha_{\mathrm{f}}+\alpha_{\mathrm{t}})(\alpha_{\mathrm{f}}+\alpha_{\mathrm{film}})^{0.5}}{d_{\mathrm{fm}}^{2}}[1+16(\alpha_{\mathrm{f}}+\alpha_{\mathrm{film}})^{2.5}] \quad (6.17)$$

与实验相比,该模型很好地描述了堵塞过程中压降在3个阶段的演化过程,计算得到的压降值与实验值非常接近。Charvet 等[CHA 10]以类似于建立效率模型的方式对压降随时间演变模型进行建立,根据每个过滤部分收集的液体的质量,在每个时间段重复计算纤维的填充密度以及纤维直径。

6.4 液固气溶胶的混合过滤

实际上,大多数的气溶胶并非都是纯净的。也就是说,它们不仅由液滴组成,而且还含有固体颗粒。例如,在柴油机或机械工业中,切削油雾中可能含有金属或烟尘颗粒。这些固体颗粒及其与过滤器中液体的相互作用都可能导致堵塞动力学变化(即效率和压降随时间的演变),从而可能会影响过滤器的寿命。尽管存在这一工业问题,但迄今为止只有一项专门针对液固混合物过滤问题的研究。Frising 等[FRI 04]研究了纤维过滤器被微米级氧化铝颗粒气溶胶和二乙基己基-癸二酸(亚微米)液滴气溶胶堵塞过程中的压降演变,并考虑了单独存在固体颗粒或液滴,以及两者按不同比例混合时压降随时间的演变规律(图6.4)。其中,液固气溶胶混合物堵塞时出现了特殊的演变规律,与之前单独液体气溶胶过滤的三个阶段内所观察到的近线性演变规律有所不同(图6.2)。事实上,根据透射电子显微镜的图像,作者表明液固混合物过滤时,过滤器的堵塞过程可以分为5个阶段。

第一阶段:这一阶段时间相对较短,其特点是由于颗粒(固体和液体)的沉积主要发生在过滤器中的深处,压降有相对缓慢的增加。因此,第一阶段类似于过滤“纯”固体或液体气溶胶时的阶段,预先俘获到的颗粒起着额外的过滤作用。

第二阶段:由于在过滤器表面形成一层均匀的颗粒滤饼,且滤饼内的孔隙逐渐地且局部地被液膜的堵塞,所以这一阶段压降快速地增加。

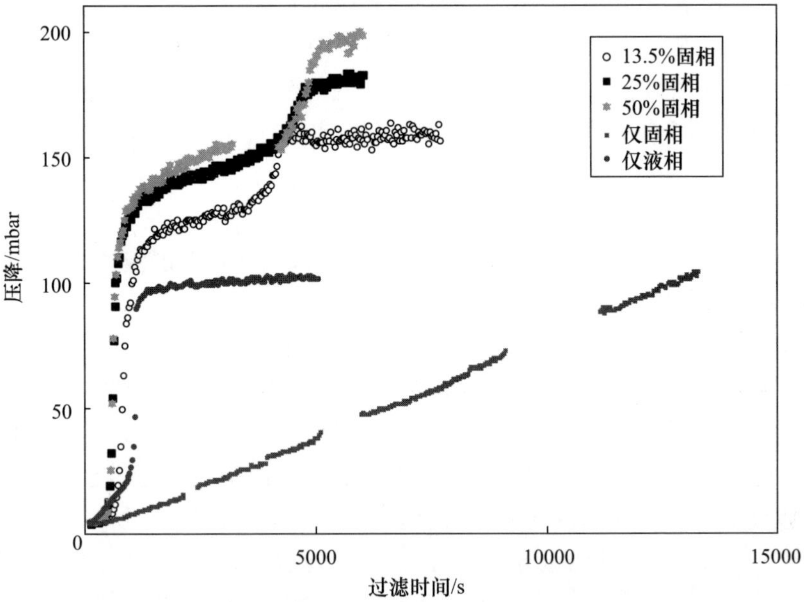

图 6.4　不同固体质量分数下气溶胶通过纤维过滤器时压降随时间的变化[FRI 04]

第三阶段:在这一阶段压降趋于稳定或增加非常缓慢。作者将这种现象(如同在液滴过滤过程中一样)归因于液体可能以更均匀的方式在过滤器和滤饼中重新分布。

第四阶段:这一阶段的特点是压降出现第二次指数增加(并不陡峭)。笔者分析,这是由于滤饼厚度增加,并伴随着滤饼内孔隙逐渐被液体封闭,所以应大大增加流动阻力和气体在孔隙内的速度。

第五阶段:正如在过滤液体气溶胶时所发生的那样,由于先前收集的液体被排到下游,从而建立了一个准平衡机制。这种平衡状态使得整个过滤器的压降变得稳定。

不管固体颗粒在混合物中所占的比例如何,压降演变规律都大致相同,只是不同的阶段有不同的持续时间和振幅。研究结果表明压降似乎随着混合物中固体颗粒份额的增加而增大。

在混合过滤领域,还有些其他学者研究了内含固体颗粒的液体的过滤,尽管这与由固体颗粒和液滴组成的气溶胶明显不同。为了模拟它的老化过程,Bredin等[BRE 12b]在柴油发动机润滑油中加入烟尘,并研究了不同烟尘含量对已污染油雾过滤的影响。结果表明,当烟灰含量增加时,油的黏度增加,因此限制了排液量,结果增加了整个纤维过滤器的最终压降。而且,在准平衡过滤阶段,从过滤器中排出的油滴内的烟尘浓度要比最初添加时的浓度低,这表明烟尘在过滤器内有积聚。后来这些结果被 Mead – Hunter 等[MEA 12]证实,他们通过使用显微镜观察纤维上油滴的流动,发现排油过程中烟尘在纤维上的积累(图 6.5)。Hsiao 和 Chen[HSI 15]使用内含固体 KCl 颗粒的液滴进行了纤维过滤器的堵塞实验,其中过滤器纤维由纤维素或玻璃纤维组成,并且考虑不同的液体性质(密度、动力黏度、表面张力)。作者表明压降的增加会随着 KCl 与液体质量比的增加变得更加迅速。

无论是对固体颗粒 – 液滴混合物还是对包覆固体颗粒的液体的研究,都表明了随着固体气溶胶的比例增加,压降有增加的趋势。当涉及确定混合物收集效率随时间演变时,我们将面临一个不可避免的计量问题。我们都很清楚:精确可靠地测量固体气溶胶的颗粒浓度和粒径分布是相当复杂的,特别是对纳米结构团块而言,在输运(撞击、凝结等)过程中液滴的存在可能引起固体颗粒粒径分布改变,它会导致内含固体颗粒的液滴形成。无论是在过滤器上游还是在过滤器内,这种粒径分布的改变都大大增加效率确定的复杂性。此外,两相气溶胶过滤还需要采用不同的测量方法来耦合不同的粒径分布,以区分固体气溶胶和液滴。

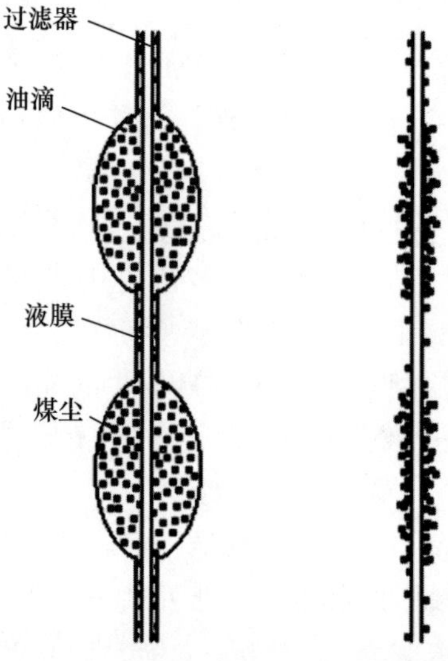

图 6.5　在纤维上收集的含烟尘污染液滴的示意图和液滴流失后在纤维上积累的烟尘[MEA 12]

6.5 结　论

对液体气溶胶过滤的不同实验研究表明,介质的堵塞过程发生在几个阶段,并最终产生了一种平衡状态，在该状态下，压力变得稳定。堵塞与液体在过滤器内的积累会使得填充密度和间隙内气流速度增加。因此，堵塞与过滤速度的增加具有同样的效果，即使得微米级颗粒的过滤效率提高，亚微米级颗粒过滤效率下降。尽管在实验方面对液体气溶胶的过滤进行了大量的研究，但几乎没有可用的模型。文献中的大多数模型都将过滤器作为一个整体来考虑，并且通常假设收集的液体均匀地分布在过滤器内。因此，只有通过修正过滤器的某些参数（填充密度，纤维直径等）来确定最终的压降和效率，以此来考虑由于液体积聚而带来的影响。一些学者也开发了迭代模型来计算堵塞过程中的过滤器内参数随时间和空间的演变信息。但由于涉及某些假设，因此无法对液体气溶胶过滤器堵塞过程中的压降和效率进行完美描述。

参考文献

[AGR 98] AGRANOVSKI I., BRADDOCK R., "Filtration of liquid aerosols on wettable fibrous filters", *AIChE Journal*, vol. 44, no. 12, pp. 2775 – 2783, 1998.

[BOU 00] BOUNDY M., LEITH D., HANDS D. *et al.*, "Performance of industrial mist collectors over time", *Applied Occupational and Environmental Hygiene*, vol. 15, no. 12, pp. 928 – 935, 2000.

[BRE 12a] BREDIN A., MULLINS B. J., "Influence of flow-interruption on filter performance during the filtration of liquid aerosols by fibrous filters", *Separation and Purification Technology*, vol. 90, pp. 53 – 63, 2012.

[BRE 12b] BREDIN A., O'LEARY R. A., MULLINS B. J., "Filtration of soot-in-oil aerosols: why do field and laboratory experiments differ?", *Separation and Purification Technology*, vol. 96, pp. 107 – 116, 2012.

[BRI 66] BRINK J., BURGGRABE W., L. E. G., "Mist removal from compressed gases", *Chemical Engineering Progress*, vol. 62, no. 4, p. 60, 1966.

[CHA 08] CHARVET A., GONTHIER Y., BERNIS A. *et al.*, "Filtration of liquid aerosols with a horizontal fibrous filter", *Chemical Engineering Research and Design*, vol. 86, no. 6, pp. 569 – 576, 2008.

[CHA 10] CHARVET A., GONTHIER Y., GONZE E. *et al.*, "Experimental and modelled efficiencies during the filtration of a liquid aerosol with a fibrous medium", *Chemical Engineering Science*, vol. 65, no. 5, pp. 1875 – 1886, 2010.

[CON 89] CONDER J., LIEW T., "Fine mist filtration by wet filters – II: efficiency of fibrous filters", *Journal of Aerosol Science*, vol. 20, no. 1, pp. 45 – 57, 1989.

[CON 04] CONTAL P., SIMAO J., THOMAS D. *et al.*, "Clogging of fibre filters by submicron droplets. Phenomena and influence of operating conditions", *Journal of Aerosol Science*, vol. 35, no. 2, pp. 263 – 278, 2004.

[COO 96] COOPER S. J., RAYNOR P. C., LEITH D., "Evaporation of mineral oil in a mist collector", *Applied Occupational and Environmental Hygiene*, vol. 11, no. 10, pp. 1204 – 1211, 1996.

[COO 98] COOPER S., LEITH D., "Evaporation of metalworking fluid mist in laboratory and industrial mist collectors", *American Industrial Hygiene Association Journal*, vol. 59, no. 1, pp. 45 – 51, 1998.

[DAV 73] DAVIES C. N., *Air Filtration*, Academic Press, New York, 1973.

[DON 04] DONG Y., HAYS M. D., SMITH N. D. *et al.*, "Inverting cascade impactor data for size-resolved characterization of fine particulate source emissions", *Journal of Aerosol Science*, vol. 35, no. 12, pp. 1497 – 1512,2004.

[ELD 00] EL – DESSOUKY H. T., ALATIQI I. M., ETTOUNEY H. M. *et al.*, "Performance of wire mesh mist eliminator", *Chemical Engineering and Processing: Process Intensification*, vol. 39, no. 2, pp. 129 – 139, 2000.

[FOT 10] FOTOVATI S., TAFRESHI H. V., POURDEYHIMI B., "Influence of fiber orientation distribution on performance of aerosol filtration media", *Chemical Engineering Science*, vol. 65, no. 18, pp. 5285 – 5293, 2010.

[FRI 04] FRISING T., GUJISAITE V., THOMAS D. et al., "Filtration of solid and liquid aerosol mixtures: Pressure drop evolution and influence of solid/liquid ratio", *Filtration and Separation*, vol. 41, no. 2, pp. 37 – 39, 2004.

[FRI 05] FRISING T., THOMAS D., BÉMBR D. et al., "Clogging of fibrous filters by liquid aerosol particles: experimental and phenomenological modelling study", *Chemical Engineering Science*, vol. 60, no. 10, pp. 2751 – 2762, 2005.

[GER 12] GERVAIS P. – C., BARDIN – MONNIER N., THOMAS D., "Permeability modeling of fibrous media with bimodal fiber size distribution", *Chemical Engineering Science*, vol. 73, pp. 239 – 248, 2012.

[GOU 95] GOUGEON R., Filtration of aérosols liquides par les filters à fibres en régimes d'interception et d'inertie, PhD Thesis, University of Paris XII, 1995.

[GOU 96] GOUGEON R., BOULAUD D., RENOUX A., "Comparison of data from model fiber filters with diffusion, interception and inertial deposition models", *Chemical Engineering Communications*, vol. 151, no. 1, pp. 19 – 39, 1996.

[GUN 99] GUNTER K., SUTHERLAND J., "An experimental investigation into the effect of process conditions on the mass concentration of cutting fluid mist in turning", *Journal of Cleaner Production*, vol. 7, no. 5, pp. 341 – 350, 1999.

[HSI 15] HSIAO T. – C., CHEN D. – R., "Experimental observations of the transition pressure drop characteristics of fibrous filters loaded with oil – coated particles", *Separation and Purification Technology*, vol. 149, pp. 47 – 54, 2015.

[JAG 08] JAGANATHAN S., TAFRESHI H. V., POURDEYHIMI B., "A realistic approach for modeling permeability of fibrous media: 3 – D imaging coupled with {CFD} simulation", *Chemical Engineering Science*, vol. 63, no. 1, pp. 244 – 252, 2008.

[KAM 15] KAMPA D., WURSTER S., MEYER J. et al., "Validation of a new phenomenological "jump-and-channel" model for the wet pressure drop of oil mist filters", *Chemical Engineering Science*, vol. 122, pp. 150 – 160, 2015.

[LEI 96] LEITH D., RAYNOR P. C., BOUNDY M. G, et al., "Performance of industrial equipment to collect coolant mist", *American Industrial Hygiene Association Journal*, vol. 57, no. 12, pp. 1142 – 1148, 1996.

[LIE 85] LIEW T., CONDER J., "Fine mist filtration by wet filters—I, Liquid saturation and flow resistance of fibrous filters", *Journal of Aerosol Science*, vol. 16, no. 6, pp. 497 – 509, 1985.

[MCA 95] MCANENY J. J., LEITH D., BOUNDY M. G., "Volatilization of mineral oil mist collected on sampling filters", *Applied Occupational and Environmental Hygiene*, vol. 10, d no. 9, pp. 783 – 787, 1995.

[MEA 12] MEAD – HUNTER R. B., BREDIN A., KING A. et al., "The influence of soot nanoparticles on the micro/macro – scale behaviour of coalescing filters", *Chemical Engineering Science*, vol. 84, pp. 113 – 119, 2012.

[MEA 13] MEAD – HUNTER R. ,KING A. J. ,KASPER G. et al. ,"Computational fluid dynamics (CFD) simulation of liquid aerosol coalescing filters",*Journal of Aerosol Science*,vol. 61,pp. 36 – 49,2013.

[MUL 06] MULLINS B. J. , KASPER G. , "Comment on: 'clogging of fibrous filters by liquid aerosol particles: experimental and phenomenological modelling study' by Frising et al. ". , *Chemical Engineering Science*,vol. 61,no. 18,pp. 6223 – 6227,2006.

[MUL 14] MULLINS B. J. ,MBAD – HUNTBR R. ,PITTA R. N. et al. ,"Comparative performance of philic and phobic oil – mist filters",*AIChE Journal*,vol. 60,no. 8,pp. 2976 – 2984,2014.

[PAY 92] PAYET S. , BOULAUD D. , MADELAINE G. el al. , " Penetration and pressure drop of a {HEPA} filter during loading with submicron liquid particles", *Journal of Aerosol Science*, vol. 23, no. 7, pp. 723 – 735,1992.

[QUE 99] QUÉRÉ D. ,"Fluid coating on a fiber",*Annual Review of Fluid Mechanics*,vol. 31,no. 1,pp. 347 – 384,1999.

[RAY 99] RAYNOR P. C. ,LEITH D. ,"Evaporation of accumulated multicomponent liquids from fibrous filters ",*The Annals of Occupational Hygiene*,vol. 43,no. 3,pp. 181 – 192,1999.

[RAY 00] RAYNOR P. C. ,LEITH D. ,"The influence of accumulated liquid on fibrous filter performance", *Journal of Aerosol Science*,vol. 31,no. 1,pp. 19 – 34,2000.

[RIS 99] RISS B. ,WAHLM E. ,HOFLINGER W. ,"Quantification of re – evaporated mass from loaded fibre-mist eliminators",*Journal of Environmental Monitoring*,vol. 1,pp. 373 – 377,1999.

[SCH 02] SCHABER K. ,KÖRBER J. ,OFENLOCH O. et al. ,"Aerosol formation in gas-liquid contact devices-nucleation, growth and particle dynamics", *Chemical Engineering Science*, vol. 57, no. 20, pp. 4345 – 4356,2002.

[SIM 00] SIMPSON A. ,GROVES J. ,UNWIN J. et al. ,"Mineral oil metal working fluids (MWFs)-development of practical criteria for mist sampling ",*Annals of Occupational Hygiene*, vol. 44, no. 3, pp. 165 – 172,2000.

[SIN 03] SINGH M. ,MOHANTY K. K. ,"Dynamic modeling of drainage through three- dimensional porous materials",*Chemical Engineering Science*,vol. 58,no. 1,pp. 1 – 18,2003.

[SUT 10] SUTTER B. ,BÉMER D. ,APPERT-COLLIN J. -C. et al. ,"Evaporation of liquid semi-volatile aerosols collected on fibrous filters",*Aerosol Science and Technology*, vol. 44,no. 5,pp. 395 – 404,2010.

[TAF 09] TAFRESHI H. V. ,RAHMAN M. A. ,JAGANATHAN S. et al. ,"Analytical expressions for predicting permeability of bimodal fibrous porous media",*Chemical Engineering Science*,vol. 64,no. 6,pp. 1154 – 1159,2009.

[THO 00] THORNBURG J. ,LEITH D. ,"Size distribution of mist generated during metal machining", *Applied Occupational and Environmental Hygiene*,vol. 15,no. 8,pp. 618 – 628,2000.

[THO 03] THORPE A. ,BAGLEY M. ,BROWN R. ,"Laboratory Measurements of the performance of pesticide filters for agricultural vehicle cabs against sprays and vapours",*Biosystems Engineering*,vol. 85,no. 2, pp. 129 – 140,2003.

[VIR 01] VIRTANEN A. ,MARJAMÄKI M. ,RISTIMÄKI J. et al. ,"Fine particle losses in electrical low-pressure impactor",*Journal of Aerosol Science*,vol. 32,no. 3,pp. 389 – 401,2001.

[VOL 99] VOLCKENS J. ,BOUNDY M. ,LEITH D. et al. ,"Oil mist concentration: a comparison of sampling methods",*American Industrial Hygiene Association Journal*,vol. 60,no. 5,pp. 684 – 689,1999.

[WAL 96] WALSH D. , STENHOUSE J. , SCURRAH K. et al. , "The effect of solid and liquid aerosol particle loading on fibrous filter material performance", *Journal of Aerosol Science*, vol. 27, no. Suppl. 1, pp. S617 – S618, 1996.

[WUR 15] WURSTER S. , KAMPA D. , MEYER J. et al. , "Measurement of oil entrainment rates and drop size spectra from coalescence filter media", *Chemical Engineering Science*, vol. 132, pp. 72 – 80, 2015.

[ZHA 91] ZHANG X. , MCMURRY P. H. , "Theoretical analysis of evaporative losses of adsorbed or absorbed species during atmospheric aerosol sampling", *Environmental Science & Technology*, vol. 25, no. 3, pp. 456 – 459, 1991.

附录
颗粒的黏附

在过滤过程中颗粒与过滤体之间的黏附力能将俘获的颗粒固定在适当位置(过滤体可以是纤维,也可以是先前俘获的颗粒)。黏附力受到颗粒与过滤体之间相互作用的影响。其中,起主要作用的3种力是范德瓦耳斯力、毛细力和静电力。

A.1 范德瓦耳斯力

范德瓦耳斯力在原子层面发挥作用。其基本原理是电子的随机运动在分子内形成偶极子。反之,这种偶极矩会使所有相邻的分子极化,并产生有吸引力的相互作用。这种作用力的大小随 $1/h^6$ 变化,其中 h 为分子间的距离。

这种分子间的相互作用可以使用 Keesom 公式(描述两个极性分子之间的取向效应)、Debye 公式(描述极性分子与非极性分子之间的诱导效应)以及 London 公式(描述两个非极性原子或分子之间的影响)表示。因此这3种效应通常被归类为"范德瓦耳斯相互作用"。分子间还有另外一种无所不在的相互作用称为互斥作用,互斥作用是由电子云叠加产生的低电荷相互排斥所致。通常使用伦纳德-琼斯(Lennard-Jones,即 L-J)势 $\Theta(h)$ 描述球形粒子的相互吸引和排斥场(图 A.1),并且 Tsai 等[TSA 91]针对球形粒子的 L-J 势提出了:

$$\Theta(h)=4E_{\mathrm{M}}\left[\left(\frac{h_0}{h}\right)^{12}-\left(\frac{h_0}{h}\right)^{6}\right] \tag{A.1}$$

式中:h 为两个粒子之间的距离;h_0 为两个粒子之间的最小距离(此时 $\Theta(h)=0$);E_{M} 为粒子间的最小吸引能(此时 $h=2^{1/16}h_0$)。

有两种方法可以用来计算范德瓦耳斯力[BRO 93]:① Bradely[BRA 32]和 Hamaker[HAM 37]提出的微观方法;②Lifshitz 提出的宏观方法[LIF 56]。

必须注意的是,在研究时需要忽略迟滞效应。因为随着粒子间距离增加,相

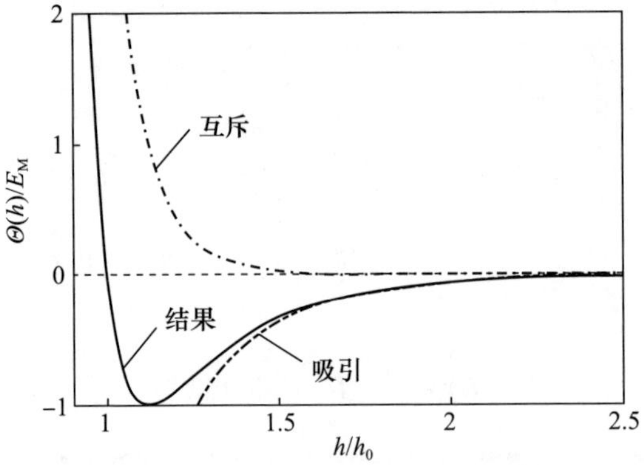

图 A.1　在对比坐标下的 L－J 势

互作用的势能迅速降低。根据 Bowen[BOW 95]的研究，当距离大于 5nm 时，迟滞效应开始明显，而 Churaev[CHU 00]则认为当距离大于 10nm 时该效应才会明显。

微观方法基于同一性质原子之间的相互作用，并且该相互作用是原子极化率的函数。Bradley[BRA 32]和 Hamaker[HAM 37]考虑了每个分子相互作用的可加性，他们通过对两个物体的分子相互作用进行积分来计算总的黏附力。表 A.1 给出了平面和一个球形粒子之间以及两个球形粒子之间范德瓦耳斯力的表达式。

表 A.1　范德瓦耳斯力的表达式(光滑坚硬的表面)

图示	范德瓦耳斯力	注释
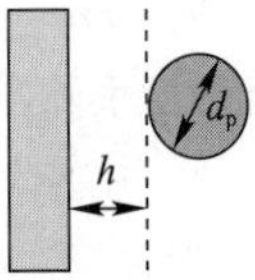	$F_{VdW}=\dfrac{HAd_p}{12h^2}$	
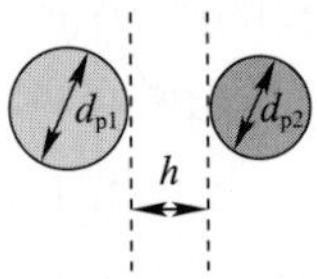	$F_{VdW}=\dfrac{HAd_{pc}}{24h^2}$	d_{pc}定义为$\dfrac{1}{d_{pc}}=\dfrac{1}{2}\left(\dfrac{1}{d_{p1}}+\dfrac{1}{d_{p2}}\right)$

HA 表示哈梅克(Hamaker)常数，该常数仅取决于相互作用的粒子性质。就中间被介质 3 分隔开的 1 和 2 两种材料而言，哈梅克常数经以下式给出，即 $HA_{123}=HA_{12}+HA_{33}-HA_{13}-HA_{23}$，其中 $HA_{ij}=\sqrt{HA_{ii}HA_{jj}}$。在两物体相接触时，两种材料之间的距离值 $h=h_0$(通常取 0.4nm)。而 Krupp[KRU 67]指出，该值有必要作为修正因子。

宏观方法主要描述由介质隔开的两个物体之间的相互作用(其中介质通常

是真空、空气或水），所使用的方法是求解麦克斯韦电磁方程。Lifshitz[LIF 56]指出黏附力取决于两个物体相互作用的复数介电常数的虚部，并且根据 Krupp[KRU 67]的研究，哈梅克常数通过下达式与 Lifshitz 常数关联起来：

$$HA_{132} = \frac{3}{4\pi} h\bar{w} \tag{A.2}$$

式中：$h = \frac{h_P}{2\pi}$（h_P 为普朗克常数）；$\bar{w}$ 为吸收谱的平均频率（两个量乘积即为 Lifshitz常数）。

Visser[VIS 72]和 Tsai 等[TSA 91]列出各种物质的哈梅克常数的值。在本书中，我们仅提供由 Churaev[CHU 00]计算出的数量级（表 A.2）。

表 A.2　哈梅克常数的一些数量级[CHU 00]

相互作用的物体	HA_{132}/J
金属 - 空气 - 金属	40×10^{-20}
金属 - 空气 - 石英	26×10^{-20}
石英 - 空气 - 石英	7.9×10^{-20}
聚合物 - 空气 - 聚合物	6.4×10^{-20}

A.2　毛细作用力

根据 Larsen[LAR 58]的观察，压力超过 25Pa 的喷射空气能在 22% 湿度下吹掉玻璃表面俘获的玻璃珠，但是在 40% 的湿度下需要 10 倍于前者的气流量才能得到同样的结果。再者，Corn[COR 66]的研究表明，从 60% 的湿度开始石英表面的玻璃颗粒（20 ~ 30μm 和 40 ~ 60μm）的黏附性随着湿度的增加而大大增加。Corn 将这种黏附力的大幅增加归因于表面间的毛细凝结，这种凝结可能出现在 60% ~ 70% 的湿度下。其主要原因是两物体界面处因凝结形成弯月面，这个弯月面使得两个物体相互吸引。

A.2.1　颗粒在平面上的毛细黏附

颗粒与平面间的这种吸引力与毛细张力（γ_{LV}）和毛细压力有关，关系式如下：

$$F_C = F_{LV} + F_{La} \tag{A.3}$$

式中：F_C 为与水的存在相关的合力；F_{LV} 为由毛细张力产生的力；F_{La} 为拉普拉斯力或毛细压力。

因此，可以得到如下表达式：

$$F_C = 2\pi d_p \gamma_{LV} \sin\delta \sin(\theta + \delta) + 2\pi d_p \gamma_{LV} \cos\delta \tag{A.4}$$

式中:δ 为润湿角的 1/2;θ 为接触角(图 A.2)

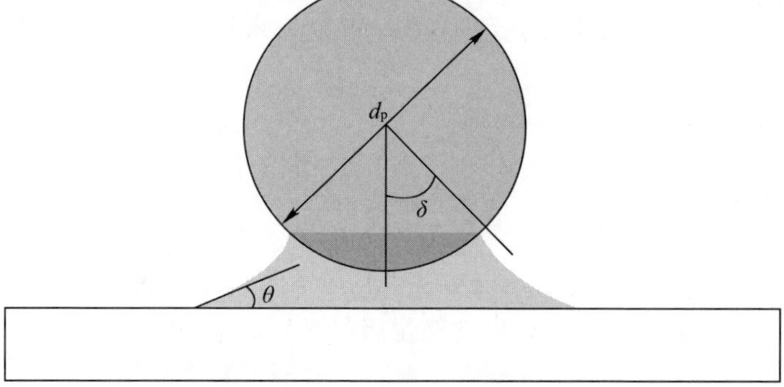

图 A.2　毛细黏着

Fisher 和 Israelachvili[FIS 81] 指出,角 δ 通常很小,因此与第二项相比第一项可以忽略不计。所以,式(A.4)可以化简为

$$F_C = 2\pi d_p \gamma_{LV} \cos\theta \tag{A.5}$$

对于润湿液体,$\cos\theta \to 1$。

如图 A.3 所示,每个液桥所产生的黏附力远大于重力。此外,随着颗粒尺寸的减小,这两种力之间的比值越来越大。

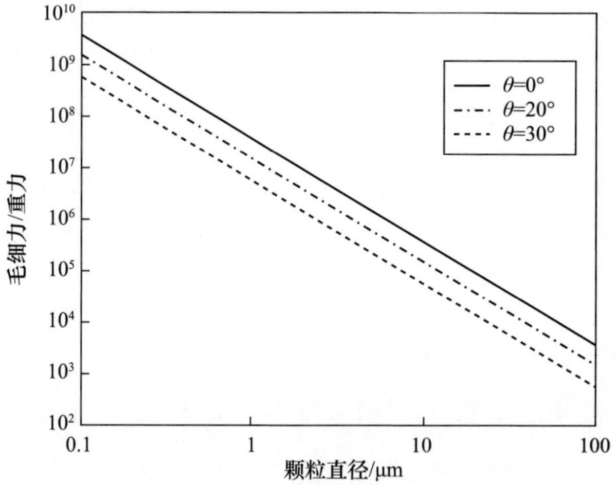

图 A.3　基于 3 个不同接触角,颗粒直径与毛细力/重力的关系图

水在 20℃时,$\gamma_{LV} = 7.3 \times 10^{-2}$ N/m,颗粒的密度为 2500kg/m^3。

在观察了所有关于黏附力的表达式后,均可得出一种黏附力与颗粒直径的比例关系，Hinds[HIN 99]提出了黏附力 F_C 随着颗粒直径 d_p 和相对湿度(% RH)变化的经验关系式。该关系式为

$$F_C = 0.15d_p[0.5 + 0.0045(\%\,RH)] \quad (A.6)$$

A.2.2 颗粒在纤维上的毛细黏附

在液体存在且颗粒与纤维相接触的情况下，Larsen[LAR 58]将式(A.5)乘以一个校正系数来计算颗粒与纤维间的毛细黏附力，该校正系数是纤维直径、颗粒直径和接触液直径的函数，校正后结果为

$$F_C = \frac{\dfrac{\dfrac{d_f}{d_p}}{\left[\left(\dfrac{d_c}{d_p}^2\right)+\left(\dfrac{d_f}{d_p}^2\right)\right]^{0.5}} + \dfrac{1}{\left[\left(\dfrac{d_c}{d_p}^2\right)+1\right]^{0.5}}}{2\left(\dfrac{d_p}{d_f}+1\right)} 2\pi d_p \gamma_{LV} \quad (A.7)$$

根据 Corn[COR 66]的研究，该表达式与实验数据符合较好，实验采用的颗粒与纤维分别是：直径 45 ~ 258μm 石英颗粒；纤维直径与颗粒直径之比在 0.2 ~ 40 之间的纤维。必须注意的是，当 d_c/d_p 比值较小且当纤维直径大于颗粒直径 100 倍以上时，校正因子趋于 1。当 $d_f/d_p = 1$ 时，校正因子为 0.5。

A.2.3 颗粒与颗粒间的毛细黏附

两个颗粒之间的水凝结可以形成液桥(图 A.4)。

如果颗粒大小相同，可以用下式确定毛细力：

$$F_C = \pi d_p \gamma_{LV} \sin\delta \left[\sin(\delta+\theta) + \frac{d_p}{4}\left(\frac{1}{R_1} - \frac{1}{R_2}\right)\sin\delta\right] \quad (A.8)$$

其中

$$R_1 = \frac{d_p(1-\cos\delta) + h}{2\cos(\delta+\theta)} \quad (A.9)$$

$$R_2 = \frac{d_p}{2}\sin\delta + R_1[\sin(\delta+\theta) - 1] \quad (A.10)$$

经过化简，可得

$$\frac{F_C}{\pi d_p \gamma_{LV}} = \sin\delta\left[\sin(\delta+\theta) + \frac{d_p}{4}\left(\frac{1}{R_1} - \frac{1}{R_2}\right)\sin\delta\right] \quad (A.11)$$

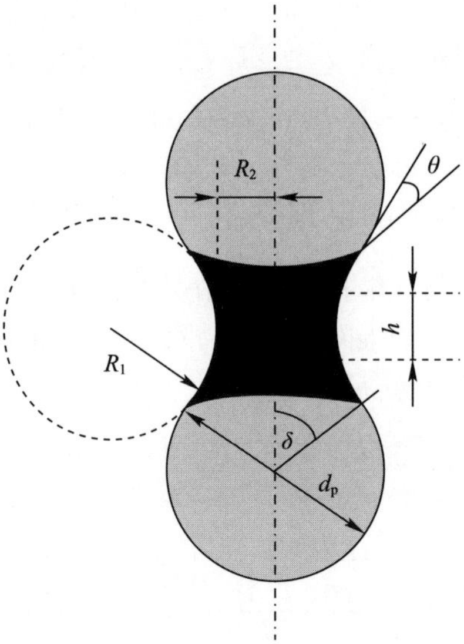

图 A.4　两个颗粒之间的液桥

如图 A.5 所示,两个相同尺寸的颗粒之间的简化毛细力是润湿半角的增函数,并且毛细力存在最大值,该值由 h/d_p 决定。此外,随着接触角的增大,简化毛细力变小。

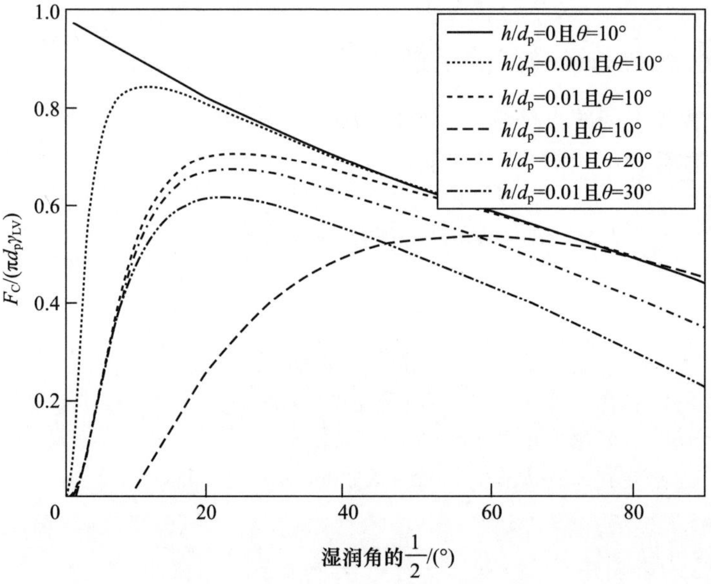

图 A.5　对于不同的 h/d_p 值($\theta = 10°, 20°$或 $30°$)化简毛细力与湿润半角的变化图

A.3 静电黏附

颗粒可能通过几种机制带电，如摩擦或接触生电，在电场或扩散中充电。两个带相反电荷（q_1 和 q_2）且间距为 h 的颗粒间黏附力可以由库仑定律给出：

$$F_E = \frac{q_1 q_2}{4\pi\varepsilon_0 h^2} \tag{A.12}$$

不论电荷源于哪里，颗粒所获得的电荷主要是由两种机制产生的。

（1）电场充电：放置在电场中的颗粒会导致该场的局部畸变，因此也会导致电场线的局部畸变，使得电场线穿过颗粒。离子会沿着这些场线运动碰撞到同在电场线上的颗粒，此碰撞过程使得颗粒获得电荷。

（2）扩散充电：在这种情况下，颗粒通过扩散捕获离子。

使用式（A.12）的主要困难在于难以确定颗粒上的电荷。对于在电场 E 中带电的颗粒，颗粒所能获得的电荷量受颗粒物理特性的限制。对于球形颗粒，最大电荷量可以用 Pauthenier 和 Moreau－Hanot[PAU 32]的关系来估算：

$$q_{max} = \frac{3\varepsilon_p}{2+\varepsilon_p}\varepsilon_0 \pi E d_p^2 \tag{A.13}$$

式中：ε_p 为颗粒的相对介电常数（对一个完美的绝缘体，$\varepsilon_p = 1$；对于完美的导体，$\varepsilon_p = \infty$）。

对于一个液体颗粒，其能获得的最大电荷量由电场作用下的液滴稳定性决定。其中最大电荷量的值是由瑞利关系给出的，它表示了导致液滴破碎的最大电荷量。

$$q_{max} = \pi\sqrt{8\varepsilon_0 \gamma_{LV}}\, d_p^{3/2} \tag{A.14}$$

A.4 粗糙度的影响

接触面性质在这里起着重要的作用，因为接触面积是黏附力的决定因素。Corn[COR 66]观察到随着粗糙度的增加黏附性会变弱。对于直径为 50μm 的石英颗粒和硅酸盐玻璃表面来说，当粗糙峰尺寸增加 1 倍时，黏附力将减小 1/2。这种对黏附性的影响并不仅仅取决于平面粗糙度与颗粒的粗糙度之比，还取决于粗糙峰尺寸和颗粒的直径之间的比例。

实际上，若给定两种材料的曲率，如果颗粒沉积在峰上而不是在接触面积更大的凹陷中,表面与颗粒之间的黏附力就会减弱(图 A.6)。总之,微粗糙度平面(粗糙峰密集)的黏附力低于光滑表面的黏附力,而对于宏观粗糙度,则会观察到相反的现象。

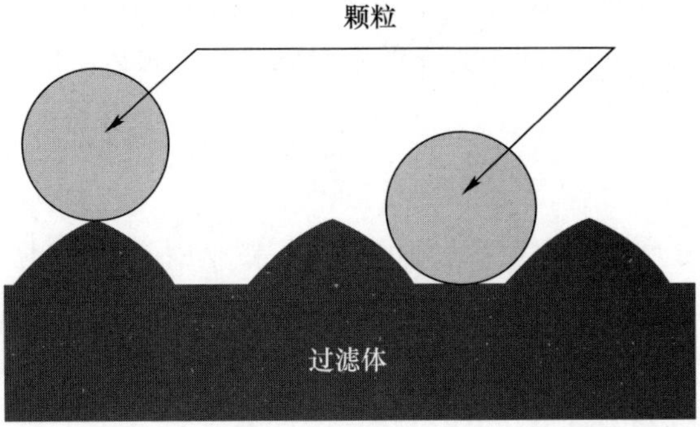

图 A.6　粗糙度的影响

为量化粗糙度对黏附力的影响,几位作者提出了有点过于简化的模型。在Rumpf(图 A.7(a),由文献[SCH 81]引述)模型中,在研究光滑的表面与粗糙的颗粒间的黏附力时,粗糙峰被比作直径为 d_{asp} 的小颗粒,并得到如下关系式:

$$F_{VdW} = \frac{HA}{12}\left[\frac{d_p}{(d_{asp}+h)^2} + \frac{d_{asp}}{h^2}\right] \tag{A.15}$$

这个模型(式(A.15))显示出黏附力完全取决于小颗粒的粗糙峰尺寸(图 A.7(b))。

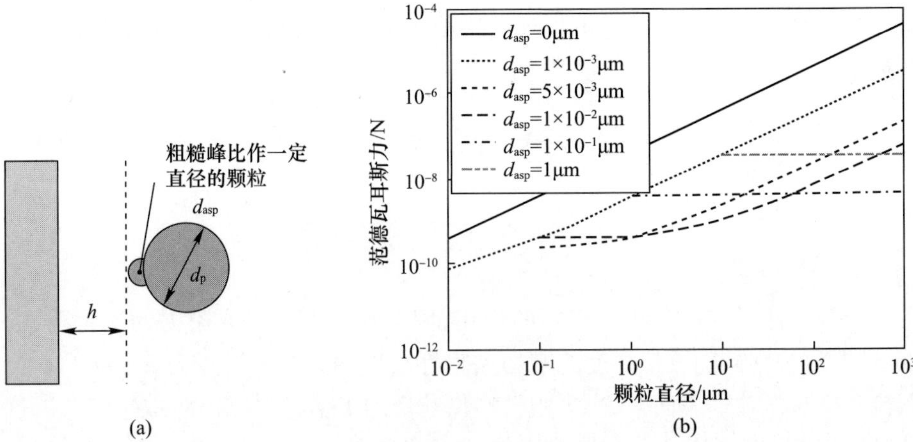

图 A.7　Rumpf 模型(引自文献[SCH 81])

(a)模型方案示意图;(b)粗糙度对黏附力的影响($d_p/d_{asp}>10$,$h=0.4$nm,$HA=7.9\times10^{-20}$J)。

在颗粒/颗粒构型中，Czarnecki 和 Itchenskij[CZA 84]考虑了颗粒上粗糙峰的平均高度，得到如下表达式：

$$F_{\mathrm{VdW}}=\frac{\mathrm{HA}}{24}\frac{d_{\mathrm{p}}}{h^{2}}\frac{h}{D} \tag{A.16}$$

式中：D 为两颗粒间距离（图 A.8(a)），使用下式计算：

$$D=h+\frac{B_1+B_2}{2} \tag{A.17}$$

B_1 和 B_2 为颗粒 1 和 2 上各自粗糙峰的高度（图 A.8(a)）。

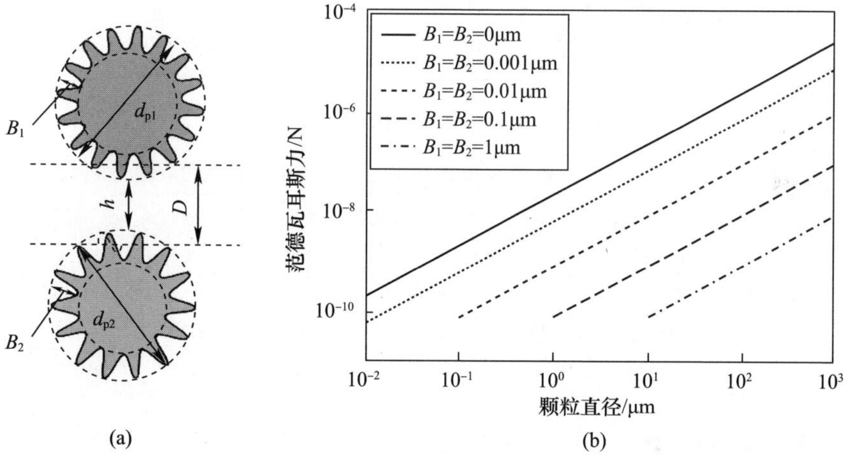

图 A.8 Czarnecki 和 Itschenskij 模型[CAZ 84]

(a)模型方案示意图；(b)粗糙度对黏附力的影响（尺寸相同、粗糙度相同的颗粒 $B=B_1=B_2$）。

对于 $d_{\mathrm{p}}/B>10$，$h=0.4\mathrm{nm}$，$\mathrm{HA}=7.9\times10^{-20}\mathrm{J}$。

这两种模型（图 A.7(b)和图 A.8(b)）表明，粗糙度的增加会导致黏附力的降低。然而，必须注意的是该结论还没有与实验值进行比较。

A.5 总　　结

图 A.9 汇总了颗粒与光滑表面之间的黏附力。该图突出表现了范德瓦耳斯力、毛细力和重力理论值随着颗粒尺寸的变化。可以看到，当颗粒尺寸减小时，毛细力和范德瓦耳斯力占主导地位，重力占非主导地位。另外，无论颗粒大小如何，对于光滑和粗糙的颗粒，均遵循毛细力大于范德瓦耳斯力这一规律。

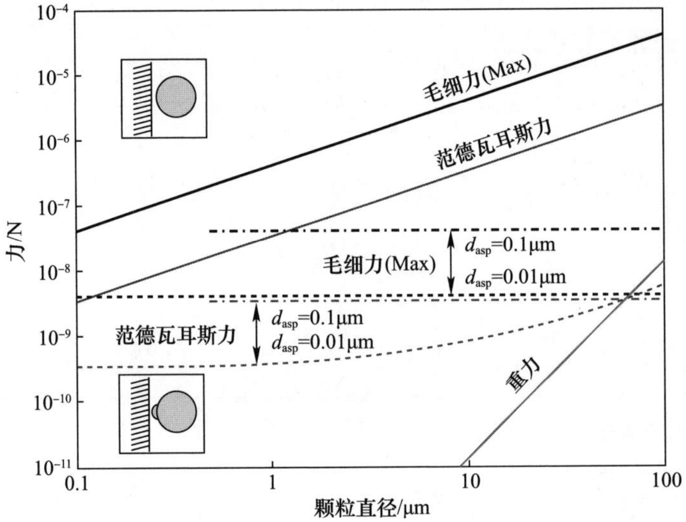

图 A.9　密度 $\rho_p = 2500\text{kg/m}^3$ 的颗粒与平面进行局部接触时范德瓦耳斯力、毛细力和重力的比较

——光滑颗粒；----粗糙峰从 0.01 ~ 0.1μm 不等的粗糙颗粒。

范德瓦耳斯力由哈梅克常数和接触距离确定（$HA = 6.5 \times 10^{-20}$J（石英），$h = 0.4$nm），

毛细力按其最大值估计（$\cos\theta = 1$，$\gamma_{LV} = 73 \times 10^{-3}$N/m（水））。

参考文献

[BOW 95] BOWEN W. R. ,JENNER F. ,"The calculation of dispersion forces for engineering applications", *Advances in Colloid and Interface Science*, vol. 56, pp. 201 – 243, 1995.

[BRA 32] BRADLEY R. S. ,"The cohesive force between solid surfaces and the surface energy of solids", *The London, Edinburgh, and Dublin Philosophical Magazine and Journal of Science*, vol. 13, no. 86, pp. 853 – 862, 1932.

[BRO 93] BROWN R. C. ,*Air Filtration: An Integrated Approach to the Theory and Applications of Fibrous Filters*, Pergamon, Oxford, 1993.

[CHU 00] CHURAEV N. V. ,*Liquid and Vapour Flows in Porous Bodies: Surface Phenomena*, CRC Press, Amsterdam, 2000.

[COR 66] CORN M. ,"Adhesion of particles", in DAVIES C. N. (ed.), *Aerosol Science*, Academic Press, New York, pp. 359 – 392, 1966.

[CZA 84] CZARNECKI J. ,ITSCHENSKIJ V. ,"Van der Waals attraction energy between unequal rough spherical particles", *Journal of Colloid and Interface Science*, vol. 98, no. 2, pp. 590 – 591, 1984.

[FIS 81] FISHER L. R. ,ISRAELACHVILI J. N. ,"Direct measurement of the effect of meniscus forces on adhesion: a study of the applicability of macroscopic thermodynamics to microscopic liquid interfaces", *Colloids and Surfaces*, vol. 3, no. 4, pp. 303 – 319, 1981.

[HAM 37] HAMAKER H. ,"The London - van der Waals attraction between spherical particles" ,*Physica*, vol. 4 ,no. 10 ,pp. 1058 - 1072 ,1937.

[HIN 99] HINDS W. C. ,*Aerosol Technology*,2nd ed. ,John Wiley & Sons,New York ,1999.

[KRU 67] KRUPP H. , "Particle adhesion, theory and experiment" , *Advances in Colloid and Interface Science*, vol. 1 ,pp. 111 - 239 ,1967.

[LAR 58] LARSEN R. I. ,"The adhesion and removal of particles attached to air filter surfaces" ,*American Industrial Hygiene Association Journal*, vol. 19 ,no. 4 ,pp. 265 - 270 ,1958.

[LIF 56] LIFSHITZ E. ,"The theory of molecular attractive forces between solids" ,*Soviet Physics*, vol. 2 , no. 1 ,pp. 73 - 83 ,1956.

[PAU 32] PAUTHENIER M. , MOREAU - HANOT M. , "Charging of spherical particles in an ionizing field" ,*Journal de Physique et Le Radium*, vol. 3 ,no. 7 ,pp. 590 - 613 ,1932.

[SCH 81] SCHUBERT H. , "Principles of agglomeration" , *International Chemical Engineering*, vol. 21 , no. 3 ,pp. 363 - 376 ,1981.

[TSA 91] TSAI C. - J. ,PUI D. Y. ,LIU B. Y. ,"Elastic flattening and particle adhesion" ,*Aerosol Science and Technology*, vol. 15 ,no. 4 ,pp. 239 - 255 ,1991.

[VIS 72] VISSER J. ,"On Hamaker constants : a comparison between Hamaker constants and Lifshitz - van der Waals constants" ,*Advances in Colloid and Interface Science*, vol. 3 ,no. 4 ,pp. 331 - 363 ,1972.

内容简介

本书摒弃了传统专著中对气溶胶过滤原理的过多介绍，着重介绍了从纤维丝到过滤器的加工工艺全过程，突出了新型纤维过滤器的生产工艺和加工技术，并将纤维的特征参数与纤维过滤器的设计紧密联系在一起，帮助读者树立一个全局观，让读者能够从能量－效率方面更好地理解过滤器的性能，为国防工业和核动力装置中纤维过滤器的设计提供的理论支撑。根据理论分析和实验研究，书中汇总了纤维介质的压降计算模型，提供了多种评估压降的计算方法，并探讨了介质的非均匀性以及褶皱参数对压降的影响。本书考虑了多种气溶胶颗粒与纤维丝之间的作用机制，并耦合流体绕丝的流场分析，给出了单纤维丝对气溶胶过滤效率的计算模型，论述了过滤器在线运行过程中的性能变化以及过滤寿命问题，包括过滤器堵塞、疏水和再夹带等问题。

本书主要面向从事复杂动力系统及武器装备系统的设计、研究、制造等工作的科研人员、工程技术人员和高校师生，以及从事气溶胶过滤机理研究、新型纤维材料研发的科研工作者。

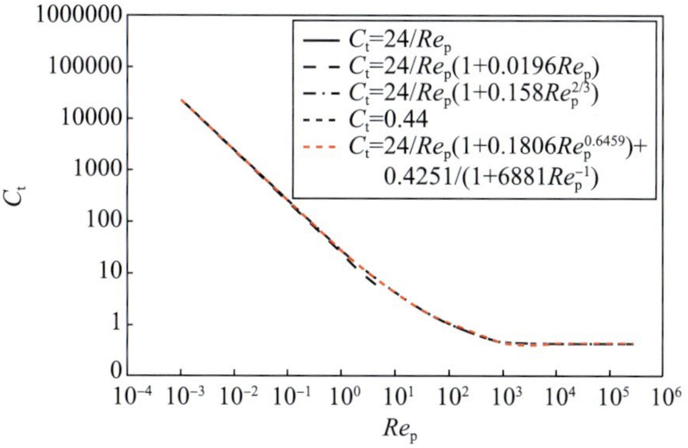

图 1.3　曳力系数与颗粒雷诺数的关系图

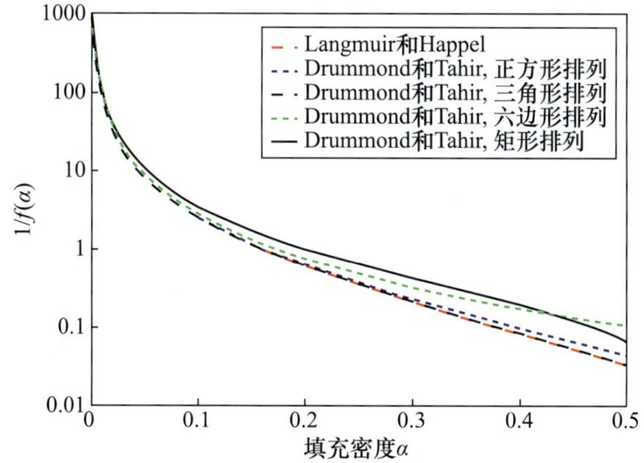

图 3.1　气流平行于纤维时,不同纤维排列方式下 $1/f(\alpha)$ 随填充密度的变化

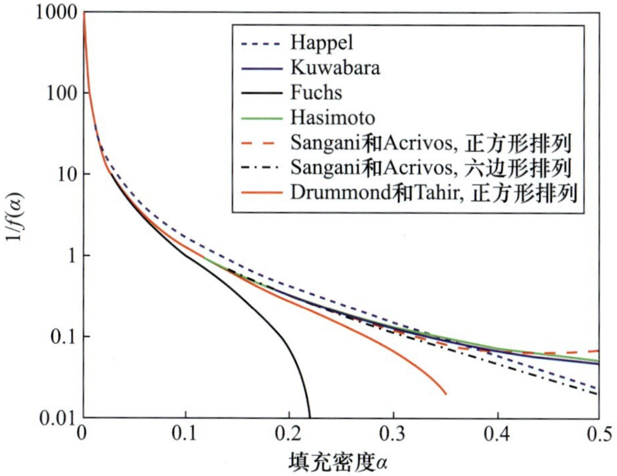

图 3.2　气流垂直于纤维时,不同纤维排列方式下 $1/f(\alpha)$ 随填充密度的变化

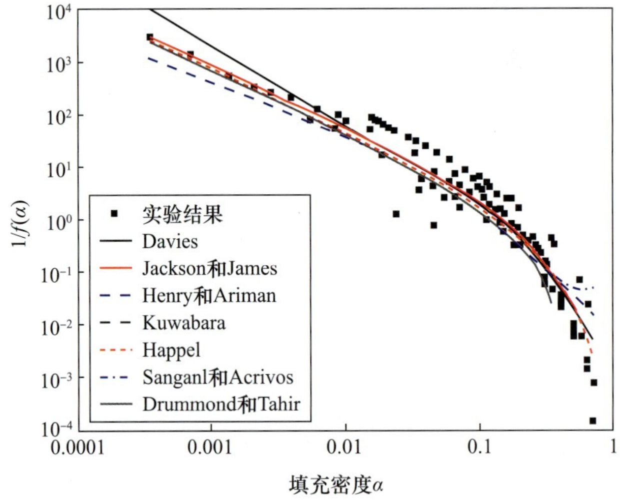

图 3.4　不同模型和实验结果的比较

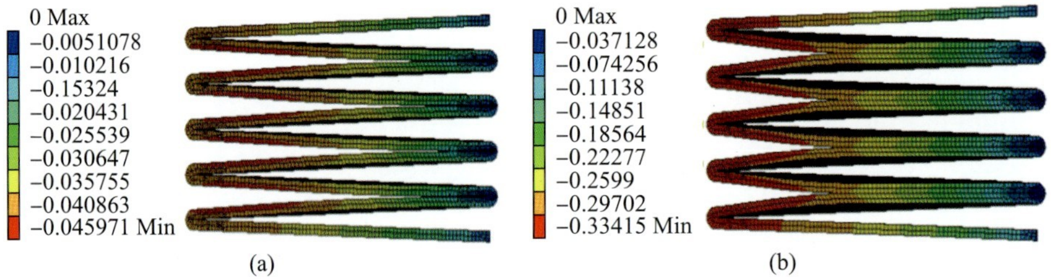

图 3.18　褶皱的变形图示(流动从右向左)

(a)渗透速度为 2.5cm/s,压降为 250Pa;(b)渗透速度为 8cm/s,压降为 2000Pa。

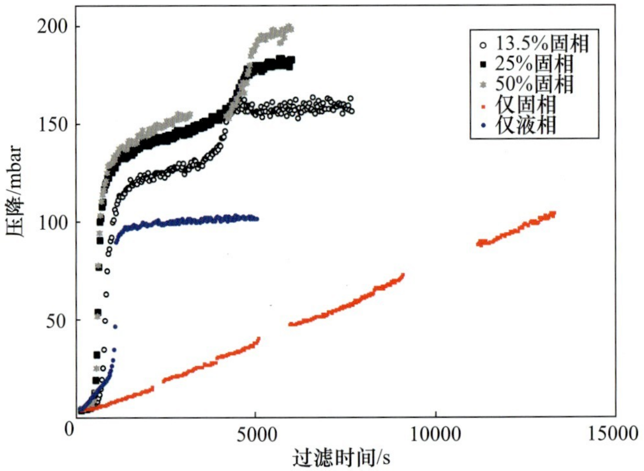

图 6.4　不同固体质量分数下气溶胶通过纤维过滤器时压降随时间的变化[FRI 04]